KREATIV!
Auf Knopfdruck
systematisch Ideen generieren

Lutz Lungershausen

KREATIV!

Auf Knopfdruck
systematisch Ideen generieren

mitp

Bibliografische Information der Deutschen Nationalbibliothek
Die Deutsche Nationalbibliothek verzeichnet diese Publikation in der Deutschen National-
bibliografie; detaillierte bibliografische Daten sind im Internet über
<http://dnb.d-nb.de> abrufbar.

Bei der Herstellung des Werkes haben wir uns zukunftsbewusst für umweltverträgliche
und wiederverwertbare Materialien entschieden.
Der Inhalt ist auf elementar chlorfreiem Papier gedruckt.

ISBN 978-3-95845-468-2
1. Auflage 2017

http://www.mitp.de
E-Mail: mitp-verlag@sigloch.de
Telefon: +49 7953 / 7189 - 079
Telefax: +49 7953 / 7189 - 082

Lektorat: Sabine Janatschek
Sprachkorrektorat: Simone Fischer
Covergestaltung: Christian Kalkert, www.kalkert.de
Satz: Petra Kleinwegen
Druck: Medienhaus Plump, Rheinbreitbach

Inhalt

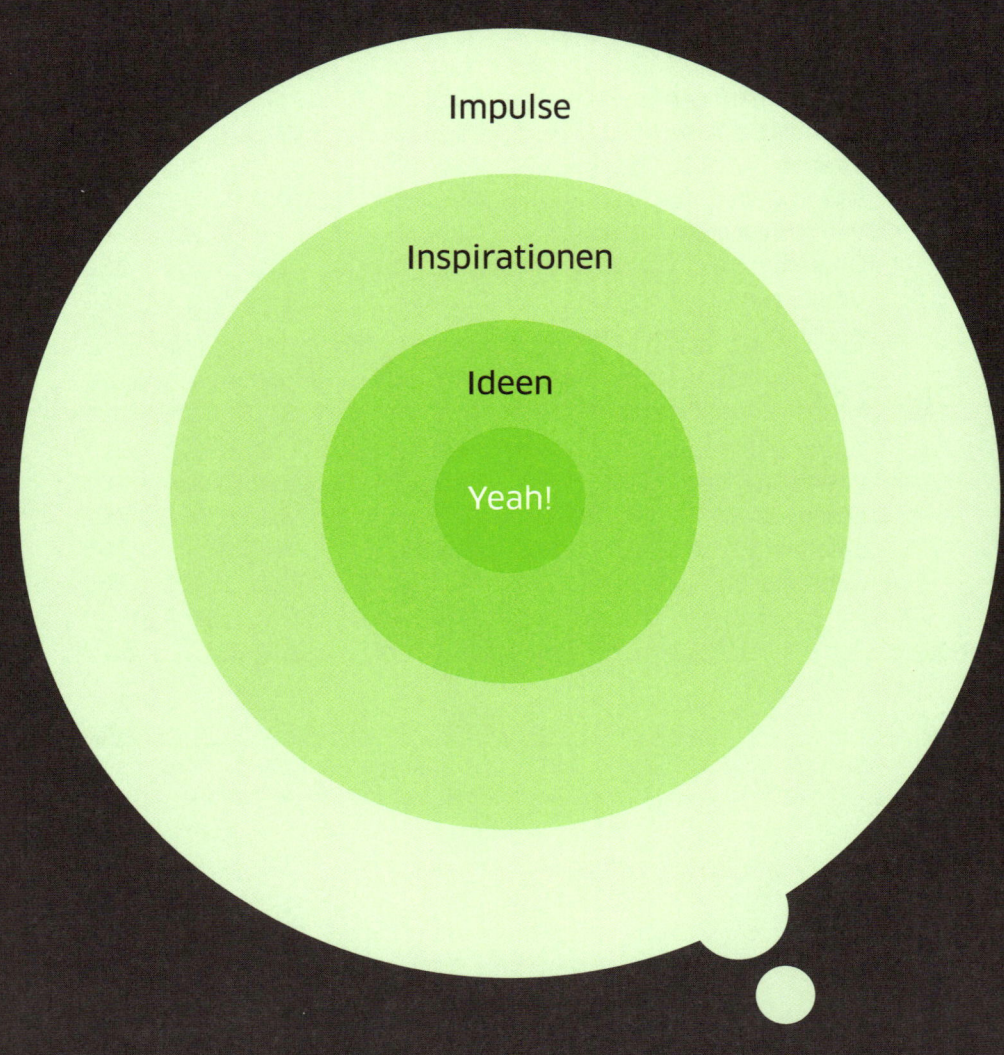

Even if you think you are not: you are creative

Kreativität gehört heute zu den grundlegenden Fähigkeiten, die jeder Mensch gefälligst mitbringen soll. In Beruf, Studium und Ausbildung, aber auch bei der Bewältigung von Alltags-, Beziehungs- und Erziehungsfragen, in der Freizeit, in der Nutzung von Medien, im Umgang mit anderen Menschen, sogar bei der Ausrichtung einer Feier und der (Er)Findung des richtigen Mottos dazu ist Kreativität gefordert. Es gibt kaum eine Branche oder einen Berufszweig, die bzw. der neue Mitarbeiter ohne Teamfähigkeit, Flexibilität und Kreativität sucht.

Wir leben in einer Zeit des Mehrwerts und der ständigen Weiterentwicklung. Produkte und Dienstleistungen müssen immer neue Zusatzeigenschaften und -funktionen aufweisen, um gegen den stetig wachsenden Druck des Wettbewerbs zu bestehen. Innovationszyklen werden immer kürzer, permanent werden neue Modelle, Tarife, Versionen oder Produktgenerationen gelauncht – versuchen Sie mal, Ihren 18 Monate alten Mobilfunkvertrag zu verlängern ... den gibt´s gar nicht mehr. Und von mancher Software werden schon keine Releases mehr veröffentlicht, Updates erscheinen in einem Kontinuum. Wo kommen die ganzen »Innovationen« her? Wer denkt sich das aus? Ist Einfallsreichtum die neue Hip- und Coolness? Ja und nein. Denn einerseits ist angewandte und fortwährende Kreativität das, was uns von unseren evolutionären Vorfahren und anderen Primaten unterscheidet, andererseits ist uns das vielleicht nie so bewusst gewesen wie heute.

In vielen Gesprächen mit Kollegen, Wissenschaftlern, Studenten, Produktentwicklern, Marketingleuten, Kunden, Designern, Autoren, Fotografen und Startups, aber auch mit Freunden, Lehrern, Nachbarn und Bekannten kristallisierte sich heraus, dass viele denken, Kreativität sei eine Gabe. Die hat man, oder man hat sie eben nicht. Wer sie hat, kann Künstler, Ingenieur, Autor, Designer oder sonst was Kreatives werden. Wenn man sie nicht hat, wird man eben Steuerberater, Physiotherapeut, Zollbeamter oder Busfahrer. Aber das ist nicht ganz richtig. Nach meiner Erfahrung kann jeder Mensch kreativ sein und werden. Alles nur eine Frage der inneren Einstellung – und der Definition.

Was ist kreativ – was nicht?

Wo liegt die Grenze zwischen Basteln und Erfinden, zwischen Herumspinnen und Produktentwicklung? Sicherlich entscheidet vor allem die Originalität über den Grad der Kreativität. Nach Anleitung ausgemalte Mandalas oder Zentangles haben die gleiche Schöpfungshöhe wie korrekt zusammengebaute Ikea-Möbel – da käme sicher auch niemand auf die Idee, das kreativ zu nennen, was 100.000 andere bereits auf die so ziemlich exakt gleiche Weise gemacht haben. Kombinieren Sie jedoch mehrere Möbel untereinander in einer völlig unbeabsichtigten Art und Weise zu etwas Neuem, oder malen Mandalas mit verschiedenen Marmeladen und Gelees aus, dann ist das sicher kreativ. Und zwar völlig unabhängig von Nutzen oder Effektivität.

Seien Sie daher nicht sie nicht so kritisch mit der Definition von Kreativität. Haben Sie Spaß am Experimentieren, am Ausprobieren, am Spielen – manche Ergebnisse mögen nicht überzeugend sein, ja vielleicht albern oder unnütz, aber dann kennen Sie zumindest Wege, die nicht zum beabsichtigten Erfolg führen – möglicherweise aber zu einem unbeabsichtigten.

Absolute und relative Innovation

Absolut Neues kommt tatsächlich nur selten in die Welt. Viel häufiger sind relative Innovationen: Was für den einen ein altbekanntes Prinzip ist, kann für den anderen brandneu sein. Bei der Suche und Entwicklung von Ideen müssen Sie daher nicht immer das Rad komplett neu erfinden, wohl aber können Sie neue, ungewöhnliche oder alternative Anwendungen ersinnen. Dass es etwas schon gibt, heißt eben nicht, dass es überall bekannt ist und eingesetzt wird. Denken Sie auch in relativen Innovationen: In welcher Branche wäre eine Technologie, ein Prozess, ein Material, eine Dienstleistung neu?

Disruptiv und inkrementell

Krempelt die Innovation eine ganze Branche oder Gesellschaft um oder bringt gar eine neue hervor? Diktiert sie eigene Marktregeln? Ist sie ein vollständiger oder höherwertiger Ersatz für Vorhandenes? Kurz: Ist sie revolutionär? Disruptive Innovationen schütteln Technologien, Märkte und am Ende Machtverhältnisse durcheinander: Dampfmaschine, Kommunismus, Atomenergie, Penizillin, DNA, Internet. Die sehr komplexe Innovationsmethode TRIZ teilt Erfindungen in fünf Klassen ein, und nur 1 % gehören der grundlegenden 5. Klasse an.

Auf der anderen Seite stehen 95 % inkrementelle Innovationen. Dies sind die vielen kleinen bis mittelgroßen Verbesserungen und Weiterentwicklungen, die ein Produkt oder eine Dienstleistung etwas komfortabler, bequemer, sicherer, günstiger, ökologischer, kompatibler, modischer, robuster, leichter benutzbar oder was auch immer machen. Grundsätzlich sollte mit den hier vorgestellten Methoden und Techniken aber beides möglich und erreichbar sein.

Idee = Lösung?

Verabschieden Sie sich bitte von der Vorstellung, jede Inspiration oder Idee müsse auch sofort die Lösung eines Problems beinhalten. Aus einer riesigen Menge von Impulsen inspirieren Sie einige zu passenden Ideen, und nur wenige davon werden Lösungen. Geniale Ideen werden zwar meist sofort als solche erkannt, aber auch kleinere Ideen können großes Potential haben – man muss es nur erkennen, entdecken und ausarbeiten. Und manchmal sind Ideen Lösungen für ganz andere Probleme. Finden Sie auch diese.

Dinge

Weil es in diesem Buch um kreative Prinzipien geht, die auf so ganz unterschiedliche Bereiche wie Produkte, Objekte, Dienstleistungen, Prozesse, Design usw. angewandt werden können, gebrauche ich regelmäßig hierfür den Sammelbegriff »Dinge«. Also: Immer wenn Sie hier »Dinge« lesen, ersetzen Sie das Wort durch das Subjekt Ihrer eigenen aktuellen kreativen Fragestellung.

Loslegen

Schnappen Sie sich Ihr Problem und legen Sie los.

1 Basics

1.1 Kreativsein ist auch Arbeit

Viele glauben, dass Kreativität eine Gabe ist und Ideen einfach irgendwann auftauchen – oder eben nicht. Ist einem etwas eingefallen, muss man sich nur noch an die Realisation machen, und fertig ist die Laube. Tatsächlich arbeiten nicht wenige Künstler so, aber überraschenderweise auch viele Wissenschaftler, Marketer, Autoren, Produktentwickler, Designer, …

Systematische Kreativmethoden, wie Brainstorming oder Mindmapping, sind zwar bekannt, werden aber selten angewandt. Und wenn, dann leider viel zu häufig auch noch dysfunktional oder ineffizient, was schnell zu enttäuschenden Ergebnissen, Frustration und schließlich Ablehnung dieser Methoden führt.

Andere schwören auf Radfahren, Joggen oder Duschen – grundsätzlich und wissenschaftlich bewiesen funktioniert das auch – allerdings in einem reichlich begrenzten Rahmen. Denn dort entsteht fast immer nur eine Idee.

Und so führen das antike (Miss)Verständnis von Kreativität und die missglückte Ausführung moderner Methoden dazu, dass viele Einzeltäter und mit ihnen ihre Unternehmen deutlich hinter ihrem kreativen Potential bleiben.

Gute Ideen poppen zwar sporadisch auch von alleine auf, aber will man sich auf den Zufall, eine günstige Gelegenheit oder einen zeitlich unbestimmten Punkt verlassen? Wer will oder kann mit einem aktuellen, vielleicht dringenden Problem so lange warten, bis ihm irgendwann eine intelligente Lösung dafür zufliegt?

> Nichts ist gefährlicher als eine Idee, wenn es die einzige ist, die man hat.
>
> EMILE CHARTIER
> Schriftsteller

Angesichts der vielen Hoffnungen und hohen Erwartungen, die man in die Ergebnisse der Ideenfindung setzt, ist die Art und Intensität der kreativen Auseinandersetzung mit dem Problem häufig erschreckend schwach ausgeprägt. Vergleichen Sie mal: Wie lange haben Sie zum Beispiel an Ihrer letzten Präsentation oder etwas Vergleichbarem gearbeitet, und wie lange haben Sie sich zuletzt mit der kreativen Lösung eines Problems beschäftigt? So sorgfältig, ausdauernd und systematisch, wie man sich der

Vorbereitung einer Präsentation, einem Konzept, der Steuererklärung, einem Hobby oder der Urlaubsplanung widmet, **so ernsthaft und intensiv sollte man sich auch um die Ideenfindung kümmern**.

So gesehen ist Kreativsein zwar auch Arbeit – zum Glück aber eine, die richtig viel Spaß machen kann. Genau dafür finden Sie hier eine sehr gut gefüllte Kiste mit den besten Denkwerkzeugen, die ich in vielen Jahren in der Praxis ausprobiert und jetzt für Sie zusammengestellt habe.

Übrigens: Kreativ arbeiten bedeutet divergent arbeiten. Das heißt, es gibt nie nur die eine Lösung – finden Sie möglichst viele von ihnen!

Erkennen Sie Kreativsein als eine aktive, konzentrierte Tätigkeit. Nehmen Sie sich ausreichend Zeit dafür. Lassen Sie sich nicht ablenken, bleiben Sie dran.

1.2 Sich gut auskennen bedeutet nicht, auf ausgetretenen Pfaden zu gehen

Sie sind erfahren in ihrem Fachgebiet, kennen die Tücken des Marktes, der Technik, der Branche. Ihre Arbeitsräume, Labore, Werkstätten sind umfassend ausgestattet, die Arbeitsmittel hochwertig, das Produkt ausgereift, Sie beherrschen Ihr Geschäft. Sehr schön. Aber was haben Sie zuletzt verändert? Wann haben Sie zuletzt etwas Neues ausprobiert, eine andere Zielgruppe ins Visier genommen, neue Materialien und Prozesse genutzt, über den Tellerrand hinausgeschaut, andere Branchen in Erwägung gezogen?

Natürlich ist es okay, wenn Sie Ihr Wissen oder Equipment für die Lösung bzw. Bewältigung bestimmter Aufgaben oder Prozesse optimiert haben. Der erste Schritt für etwas Überraschendes wäre jedoch die Anwendung Ihres Spezialwissens und Ihrer technischen Ausstattung auf ein Feld, das auf den ersten Blick vollkommen anders erscheint. Aber vielleicht ist es gar nicht so anders, vielleicht verhalten sich andere Objekte, Probleme, Aufgaben genauso wie das, was Sie sonst tun? Finden Sie es heraus, machen Sie sich auf die Suche nach alternativen Anwendungen.

Schauen Sie sich um: Wo und wie können Sie Ihr Know-how, Produkt, Equipment noch einsetzen, wofür würden Sie es eher nicht benutzen und warum nicht?

NEVER CHANGE A RUNNING SYSTEM

1.3 Entdeckerqualität Neugier

Betrachtet man die Persönlichkeit von kreativen Menschen, fällt auf, dass die meisten sich für mehr als nur eine Sache interessieren und begeistern. Das ist zum Beispiel bei fast allen meinen Kreativkollegen so: Wer nicht ein Instrument in einer Band spielt, der oder die singt in einer anderen Band, schreibt tolle Reisereportagen, bastelt Schmuck, erfindet Luxus-Mineralwasser für reiche Scheichs, malt, schneidert oder backt unglaubliche Törtchen. Und das ist nicht erst so, seit man Heimwerken und Handarbeiten »DIY« und »Maker-Szene« nennt. Kreative begnügen sich meist nicht nur mit einem Feld, sie sind einfach neugierig. Sie haben Interesse für mehr als ein Gebiet und häufig auch mehr als eine Begabung. Sie gucken genauer. Und sie fragen nicht nur, »Warum ist das so?«, sondern auch, »Seit wann« und »Wer hat's gemacht?«.

Wo liegen Ihre beruflichen Interessen und Begabungen und wo Ihre anderen Interessen und Talente? Wann haben Sie sich zuletzt mit etwas völlig Fremdem befasst oder sich ein komplett neues Wissensgebiet angeeignet, aus freien Stücken, einfach, weil Sie es wollten?

Eine gute Antwort wäre jetzt: jedes Jahr oder letzten Monat. Denn sich regelmäßig mit etwas Neuem zu beschäftigen, hält flexibel im Kopf.

Zwar nicht schlimm, aber mit großem kreativem Optimierungspotenzial wäre die Antwort: vor fünf oder zehn Jahren. Bitte nicht falsch verstehen: Sich intensiv, ausdauernd (und hoffentlich mit Begeisterung) mit einer Sache auseinanderzusetzen, ganz in sie einzutauchen, ist hervorragend und gut. Aber das macht irgendwann auch ein bisschen blind und müde für etwas Neues. Besonders wenn es so einigermaßen okay läuft.

Nur wer neugierig bleibt, findet Neues.

Perlen liegen nicht am Ufer.
Man muss nach ihnen tauchen.

chinesisches Sprichwort

Do-it-yourself
Versuchen Sie immer, dreimal mehr »Warum« zu fragen.
Wann haben Sie sich zuletzt mit etwas völlig Neuem auseinandergesetzt?
Begeben Sie sich aktiv auf die Suche nach einem neuen, spannenden Betätigungsfeld.
Fahren oder besser gehen Sie künftig häufiger andere Wege.
Gehen Sie auf Hinterhöfe, Lieferzonen, schauen Sie einfach hinter die Kulissen.
Interessieren Sie sich für vermeintlich unnützes Wissen.
Spüren Sie Hintergründen nach.
Wo waren Sie in ihrem Heimatort noch nie? Warum nicht?
Lesen Sie fachfremde Artikel.

1.4   Ein inspirierendes Umfeld schaffen

Die meisten Büros und sonstigen Arbeitsräume versprühen wenig Charme. Pflegeleichte Bodenbeläge, neutrale Wände, Funktionsmobiliar, einbetonierte Konferenztische aus mehr oder weniger edlen Hölzern. Ein inspirierendes Umfeld sieht anders aus. Wie Småland zum Beispiel. Nun kann, darf oder will nicht jeder seine Bürolandschaft in einen Kindergarten für Große verwandeln, aber Sie sollten dafür sorgen, dass die Ideenfindung in einem irgendwie besonderen Raum oder Umfeld stattfindet. Statten Sie ihn z. B. mit Sitzsäcken oder anderen besonderen Tisch-, Sitz-, Steh-, Hänge- und Lümmelgelegenheiten aus. Halten Sie Arbeitsmaterialien, wie verschiedene Papiersorten, farbige Stifte, Bastelutensilien aller Art, Lego oder Fischertechnik-Spielzeug bereit. Hat man nur einen Raum zur Verfügung, richtet man sich dort eine entsprechende Ecke ein. Wer mehr Raum investieren kann, sorgt dafür, dass man sich dort auch frei bewegen, Dinge großzügig auf dem Boden auslegen, stehend, sitzend, liegend oder hängend arbeiten, Wände mit Plakaten bekleben, Whiteboards nutzen oder grobe Prototypen basteln kann. Wichtig: Halten Sie bei der Einrichtung die Balance zwischen neutral multifunktional und unmittelbar inspirierend. So sind zum Beispiel poppige Wandbemalungen zwar inspirierend, aber eben immer auf dieselbe Weise.

Um auf neue Ideen zu kommen, braucht man einfach Input und Inspiration. Klar, darauf muss man nicht im Büro oder sonst wo warten. Die holt man sich überall, wo es spannend und anders ist. Zum Beispiel in einem großen Supermarkt: Nach der Diabetikerabteilung und vor der Tiernahrung befindet sich immer ein Gang mit exotischen Lebensmitteln aus aller Welt. Und Etliches aus der Haushaltswarenabteilung könnte auch aus einem Sex-Shop stammen – zumindest scheint eine solche Verwendung oft denkbar. Inspiration pur sind auch große Bahnhofsbuchhandlungen mit ihren Abertausenden Zeitschriftentitel zu jedem Thema aus aller Welt.

Wichtig: Gehen Sie nicht in Ihre Fach-Ecke, sondern zu irgendwelchen Nischenthemen – Häkeln, Oldtimer, Cosplay, Kleingärten, Trikes, Basteln mit Moosgummi …

Und natürlich gehören auch Reisen dazu. Im Ausland besuche ich nicht nur aus praktischen Erwägungen kleine und große Supermärkte und Märkte. Ich bin einfach neugierig, was die Leute dort in ihrem Alltag so benutzen. Ob und wie Getreide verpackt und präsentiert wird, ob Marmeladen – wenn es so etwas gibt – in der Nähe des Kaffees stehen, welche Säfte angeboten werden und ob und wenn ja wie viele verschiedene Sorten Toastbrot es gibt. Neben Supermärkten gehören auch kleine Haushaltswarenläden und Baumärkte zu meinen Zielen: Hier findet man immer irgendetwas, dessen Verwendungszweck einem zunächst völlig schleierhaft ist und zu Spekulation veranlasst. Lassen Sie sich inspirieren.

Entspannend und inspirierend zugleich ist auch, sich auf eine Bank zu setzen und Leute zu beobachten. In Bahnhöfen, Fußgängerzonen, Parks und Sportstadien, auf Märkten, Parkplätzen und Jahrmärkten. Identifizieren Sie Haupt- und Nebendarsteller, fabulieren Sie fiktive Dialoge zwischen ihnen, erfinden Sie eine unglaubliche Geschichte, die die Menschen in diese Situation an diesem Ort gebracht haben. Wo kommen die Leute her, wo wollen sie hin, warum wollen sie dort hin? Welche Hilfsmittel benutzen oder brauchen sie?

Im Abschnitt »Synektik« in Kapitel 4 »Kreativmethoden« erfahren Sie, wie man sich mit Bildern, Begriffen und Objekten inspiriert.

Auf meinem Schreibtisch gibt es zum Beispiel eine Schachtel mit Objekten, die für alle möglichen Produkt-Kategorien, -Eigenschaften, -Funktionen, -Herkünfte oder -Verwendungszwecke stehen. Ständig kommt etwas Neues hinzu, ältere Objekte wandern ins Gadget-Archiv. Wenn ich nicht kreativ arbeite, bleibt die Kiste im Regal und lenkt mich nicht ab ...

Wer immer im gleichen Raum sitzt, bekommt immer die gleichen Impulse. Wer nicht rausgehen mag oder kann, muss sich die Impulse ins Haus holen.

Do-it-yourself

Was könnte »Kreativ-Feng-Shui« bedeuten?

Tauschen Sie Erinnerungsstücke gegen Inspirationsstücke aus.

Was befindet sich jetzt in diesem Moment auf dem Ihnen nächstgelegenen Tisch?

Was könnte das mit dem nächsten oder letzten Projekt zu tun haben? Konstruieren Sie eine Verbindung.

Gehen Sie in einen wirklich großen Supermarkt. Auch im Urlaub oder auf Reisen.

Erstellen Sie temporär eine Sammlung, vielleicht auch nur als Abbildung und auch das nur virtuell. Sortieren Sie sie nach einem Kriterium, dann nach einem zweiten und nach einem absurden dritten, zum Beispiel Musikinstrumente nach der Möglichkeit, während des Spiels selbst eine Mahlzeit einnehmen zu können, dafür gefüttert werden zu müssen oder eben nicht essen zu können.

Fragen Sie Freunde oder Bekannte, ob Sie sie bei ihrem Hobby begleiten dürfen, egal was es ist.

Was ist extrem langweilig und warum?

Was ist gerade total trendy?

Sammeln Sie (ggf. virtuell) Objekte oder Begriffe, deren Funktion bzw. Sinn Sie nicht kennen. Spekulieren Sie darüber.

Bewegen Sie sich vertikal: Was ist über bzw. unter Ihnen?

1.5 Aufmerksamkeit

Wer regelmäßig aktiv nach Inspirationen Ausschau hält, bewegt sich automatisch aufmerksamer in seinem Umfeld: Man nimmt Dinge wahr, die sonst unbemerkt bleiben würden. Das mag häufig ziemlich unspektakulär sein, birgt aber auch Potenzial für interessante Produkte oder Services. Denn oft sind es eben nur Kleinigkeiten, die das Gewöhnliche zum Außergewöhnlichen machen. Und genau diese Kleinigkeiten gilt es zu entdecken und zu nutzen.

Da gab es diese Baustelle auf dem üblichen Weg zur Arbeit. In einer ruhigen Seitenstraße nahe der Innenstadt wurde ein altes Mehrfamilienhaus vorsichtig aus der Reihe abgerissen. Jeden Tag ein bisschen mehr. Eines Morgens war es komplett weg und gab den Blick auf den jetzt sonnendurchfluteten, verwucherten Innenhof frei. Wann hatte die Sonne dort zuletzt hineingeschienen? Gibt's in Ihrer Arbeit auch »Orte«, in die schon lange oder noch nie die Sonne geschienen hat, oder übertragen: die schon lange unbeachtet blieben?

> Du denkst nur mit den Augen,
> da kann man leicht getäuscht werden.
>
> HAUSMEISTER HAN
> Karate Kid

Klar, man kann nicht mal eben so einen ganzen Tag seine Aufmerksamkeit auf alles richten. Wer auf Maschinen achtet, dem entgeht Sprache. Und wer sich auf den Gang von Menschen fokussiert, der verpasst Fahrzeugverkehr.

Wichtig ist: genau hinschauen, vergleichen und vor allem: entdecken. Details, Unterschiede, bislang für Sie Unbekanntes. Umwege erhöhen die Ortskenntnis.

Do-it-yourself

Achten Sie auf kleinste Details.

Ändern Sie Kleinigkeit an einer Ihrer täglichen Routinen: woanders einkaufen, ein anderes Verkehrsmittel benutzen, einen anderen Weg fahren, die Zahnpasta aus der Reihe nebenan nehmen.

Ändern Sie Rituale.

Stellen Sie das Sofa um – wohin schauen Sie jetzt, was sehen Sie jetzt anders?

Haben Sie sich schon mal gefragt, ob die Muster von Raufasertapeten genauso einzigartig sind wie Schneeflocken?

1.6 Experimentierfreude

Etwas kreativ Neues wird kaum entstehen, wenn man immer den gleichen, ausgelatschten Weg geht. Immer die gleichen Methoden, immer die gleichen Wege, die gleichen Materialien, die gleichen Prozesse. Um in der Weg-Metapher zu bleiben: Entweder passiert dort rein zufällig etwas Besonderes, aber dann sind Sie nicht der Kreatör, sondern Beobachter. Oder Sie verändern etwas: Dann sind Sie kreativ.

Statt also auf dem ausgelatschten Weg zu gehen, können Sie auch rollen, mal Gas geben, auf den Händen laufen, auf einem Bein entlanghüpfen, krabbeln, mit dem Bulldozer fahren, einen Weg parallel dazu erschließen oder ihn nur kreuzen.

Es gilt, die Routinen des Alltags zu verlassen und mehr herumzuprobieren. Dabei beschränkt sich die Experimentierfreude hier ausdrücklich nicht nur auf Ihre Arbeit.

Immer nur ein Parameter wird Stück für Stück verändert und anschließend auf das Ergebnis geschaut. In der Produktentwicklung können das Materialien, Mengenverhältnisse oder wechselnde mechanische Prinzipien sein, ein Autor könnte mit Wort- und Satzlängen oder literarischen Genres experimentieren, Designer variieren dreißig verschiedene Grüntöne, Dienstleister probieren unterschiedlichste Features ihrer Produkte aus.

~~Arbeiten~~ Spielen

CHRISTOPHER DAVID RYAN
Künstler & Designer

Dabei wünscht man sich natürlich einen erfolgreichen, nützlichen Ausgang des Experiments, aber oft sind völlig unerwartete Ergebnisse der Beginn für etwas komplett Neues – die Produkt-Kategorie »versehentlich erfunden« ist ziemlich groß.

Eigentlich geht es hauptsächlich darum, Ihre konkreten Arbeitstechniken und -prozesse systematisch zu variieren und die unterschiedlichen Ergebnisse miteinander zu vergleichen. Freunde des »Was-wäre-wenn«-Spiels kommen hier voll auf ihre Kosten.

Komfortzone

Daneben geht es um die persönliche Komfortzone: Das ist der Bereich, in dem man sich wohl und sicher fühlt, beruflich wie privat. Hier erzielt man vorhersagbare Ergebnisse, man kennt den Aufwand für bestimmte Arbeiten, es gibt keine oder kaum Unwägbarkeiten. Aber wer immer das gleiche macht, erhält auch immer das gleiche Ergebnis. Hier stehen übrigens auch die heiligen Kühe, die nicht geschlachtet werden dürfen. Mit jedem Verlassen der Komfortzone, mit jedem deutlichen Überschreiten der Wohlfühlgrenze vergrößert man den Bereich, in dem man sich auskennt, sich bewegen mag, agieren kann.

Wenn man allerdings nicht gelegentlich aus ihr ausbricht, mindestens aber an ihre Grenzen geht und sie kurzzeitig überschreitet, wenn man also immer in seiner Komfortzone bleibt, wird diese immer kleiner und mit ihr der kreative Radius Ihrer Arbeit.

Für alles, was sich aus technischen oder finanziellen Gründen nicht realisieren lässt, gibt's immer noch das Kopfkino.

Und: Umwege erhöhen die Ortskenntnis!

Do-it-yourself

In welche Parameter, Einheiten oder Kategorien können Sie Ihre Arbeit typischerweise zerlegen?

Welche Aspekte Ihrer Arbeit oder Ihres Produkts lassen sich Ihrer Meinung nach nicht parametrisieren? Warum nicht? Was, wenn doch?

Erfinden Sie neue Parameter: Dauer der Benutzung, Ärger bei Fehlfunktion, Gewicht, Skalierbarkeit, Wiederverwendbarkeit, Krankheitsanfälligkeit, Urlaubsreife, Transparenz.

In welchen Bereichen fühlen Sie sich sicher?

In welchen nicht? Warum?

Mit welchen Aspekten Ihrer Arbeit haben Sie Schwierigkeiten? Gehen Sie das Problem an.

Was ist Ihr erfolgreichstes Produkt? Was könnte man daran verbessern?

1.7 Alle Sinne aktivieren

Beziehen Sie alle Sinne mit in Ihre Überlegungen ein. Man kann Dinge anfassen, sehen, schmecken, manche nur hören oder riechen. Aber nahezu jedes Objekt spricht auch Sinnesebenen an, die nicht offensichtlich oder schon durch seine Kategorie vorgegeben sind. Und die gilt es ebenfalls zu entdecken, wahrzunehmen und zu berücksichtigen.

Es gibt Duft-Bäumchen in der Sorte »Neues Auto«, Texte könnten ins Papier hineingeprägt sein, oder Bücher werden mit Musikchips ausgestattet, die je nach Kapitel entsprechende Geräusche abspielen, so eine Art Retro-Hörbuch. So gehören zum Beispiel auch Gerüche zur Musik: Klassische Konzerte oder Opern sind von den schweren Abendparfüms der Damen begleitet. Sie brauchen nur mal die Ohren eine Weile zuzuhalten und auf Ihre Nase zu hören.

Bei der Essenszubereitung gibt es auch immer etwas zu hören. Wie wäre es denn, so etwas zu visualisieren? Kopfkino an: Das leckere Brutzel-Geräusch eines Steaks auf dem Grill oder in der Pfanne, das Klappern der Mixerbesen beim Sahneschlagen, das Ticken eines Ofens, der Schnitt in einen Rinderbraten, das leise Knacken knuspriger Hähnchenhaut.

Selbst beim Sport gibt es mehr als Schweiß und das ihn vergeblich zu überdecken versuchende Deo: Der Duft des Magnesia-Pulvers eines Kunstturners verströmt eine zuversichtliche Trockenheit. Und in jeder Übungshalle gibt es sportarttypische Geräusche: Degenklingen, die aneinander scheppern, Prellgeräusche von Bällen, die Landung von Turnern nach großen Sprüngen, Startschüsse, Kampfschreie …

Daneben gibt es auch eine ganze Reihe unbeabsichtigter zusätzlicher Sinneseindrücke. Denken Sie an Textilien, die Geräusche abgeben, wenn sie aneinander reiben oder man mit dem Fingernagel darüberstreicht – könnte man nicht einen Stoff weben, der eine Melodie spielen kann? Frisch gedruckte Bücher riechen oft unangenehm nach Druckerfarbe, könnte die nicht aromatisiert oder neutralisiert werden? Wie flauschig darf sich ein Werkzeug anfühlen, wie aromatisch darf eine Versicherungspolice sein, wie grell ein Text?

Fragen Sie sich stets, welche alternativen oder zusätzlichen Sinneseindrücke Sie mit Ihrem Produkt aktivieren könnten.

Synästhesie

Synästheten sind Menschen, die zum Beispiel Zahlen als Farben sehen, in Musikstücken Aromen erkennen und in Geschmacksrichtungen Formen. Von ihnen kann man sich eine Menge abgucken.

Einige Menschen fühlen den Regen,
andere werden einfach nur nass.

BOB MARLEY
Musiker

Do-it-yourself

Welche Klänge kann Ihr Produkt erzeugen?

Keinen? Machen Sie etwas mit ihm und hören Sie genau hin!

Was wäre, wenn Ihr Produkt, Ihre Dienstleistung ein spezifisches Aroma hätte?

Machen Sie sich auf die Suche nach Geräuschen, Gerüchen und Aromen.

Wo finden Sie sie?

Welche Farbe hat eine Symphonie?

Wie klingt Hühnersuppe?

Assoziieren Sie völlig frei zwischen Aussehen, Klängen, Gerüchen, Haptik und Aromen.

Spielen und experimentieren Sie mit Ihren Objekten so lange herum, bis diese weitere Sinneseindrücke von sich geben.

1.8 Kopfkino

Mein Lieblingskino an jedem Ort der Welt: das Kopfkino.

Hier entstehen verrückte, lustige, schockierende, vielversprechende, schräge, aber auch langweilige, peinliche, dumme, aber immer spontane Vorstellungen und Ideen.

Im Kopfkino – manche nennen es auch Tagträumen – kann man ganze Welten bauen, aber auch gezielt nur einzelne Produkt-Parameter verändern. Allein in der Imagination konstruiert man Szenarien, spaziert durch sie hindurch, beeinflusst sie, macht

Dinge größer und kleiner, tauscht Materialien aus. Dann stellt man vielleicht einen Benutzer hinein, stellt sie um und nimmt sie wieder heraus. Das Kopfkino lebt von einer starken visuellen Vorstellungskraft, die man aber gut antrainieren kann. Nehmen Sie sich eine kurze Geschichte, vielleicht ein Märchen, vor und bilden Sie zu jedem Satz eine eigene kleine Welt: Wie guckt die Hauptfigur, wenn dort nur steht, dass jemand eine Mütze trägt, wie sieht diese Mütze aus? Gestrickt, gehäkelt, genäht, geflochten, welches Muster, welche Farbe, trägt er/sie sie lässig nach hinten oder in die Stirn gezogen? Variieren Sie, was Sie in der Vorstellung ihres Kopfkinos sehen.

Das Kopfkino ist unser kostenloses Labor und mentaler Prototypenbau. Am Anfang braucht man ein bisschen Übung, aber später schaltet es sich schnell von allein an. Ob man will oder nicht.

Dann wird es durch merkwürdige Begriffskombinationen oder Wörter in ungewöhnlichen Zusammenhängen unwillkürlich ausgelöst. Was hat man wohl unter Babywasser zu verstehen? In meinem Kopfkino geht gerade eine Säuglings-Entwässerungsanlage in Betrieb. Beim Samenraub sehe ich maskierte Nordfinnen, und Zapfenstreich ist ein zarter Brotaufstrich aus Nadelgehölzen.

Auch gut: Das Kopfkino hat immer geöffnet und der Eintritt ist frei.

Do-it-yourself

Stellen Sie sich ein beliebiges Objekt vor.

Es steht direkt vor Ihnen auf einem Sockel.

Nun skalieren Sie es auf die Größe eine Melone.

Das Objekt beginnt sich sehr langsam zu drehen.

Als es sich einmal um sich selbst gedreht hat, bleibt es wieder stehen.

Es verwandelt sich und ist jetzt komplett aus Holz.

Sie erkennen eine deutliche schöne Edelholzmaserung.

Jetzt ist das Objekt plötzlich feuerrot, dann weiß gepunktet.

Schließlich hat es sein originäres Aussehen.

Sie treten einen Schritt zurück.

Das Objekt erlangt nun sehr langsam wieder seine Ursprungsgröße.

1.9 Warm-ups

Jeder Sportler wärmt sich vor dem Training und vor Wettkämpfen auf, das können wir auch gut gebrauchen.

Fragen gegen (zu) schnelles Denken

Hier spielen das schnelle und das langsame Denken ein Rolle. Das schnelle Denken lebt von unseren Erfahrungen, von Bekanntem und Vertrautem und sorgt dafür, dass wir blitzschnell Dinge so wahrnehmen und kategorisieren wie sie »immer« sind: Paris ist die Hauptstadt von? Das langsame Denken hingegen benötigen wir zum Beispiel für die Lösung von Rechenaufgaben: 235 mal 174 ist gleich? Indem Sie sich aktiv und vor allem willentlich kritisch hinterfragend mit dem Problem auseinandersetzen, sorgen Sie dafür, dass Sie nicht in die kreative Sackgasse des schnellen Denkens einbiegen. Zumindest sollten Sie sich aber bewusst sein, dass Sie sich gerade im Land des Wiedergekäuten aufhalten. Um dem entgegenzuwirken, stellen Sie sich produktiv provozierende Fragen, zum Beispiel wie die in den Do-it-yourself-Kästen, fragen Sie fünfmal »warum«, naja, und: Wenden Sie die hinterfragenden Kreativtechniken an.

Denkmuster auflockern

Um ungewöhnliche Ideen zu entwickeln, muss man sich von den üblichen Denkmustern freimachen. Unsere mentalen Modelle von der Wirklichkeit hindern uns nämlich daran, Dinge anders zu sehen, zu bewerten, einzuordnen, zu benutzen, als wir es gewohnt sind.

Lockern wir unsere Denkstrukturen also vorher nicht auf, ist die Wahrscheinlichkeit für relativ langweilige Ideen hoch – die gefundenen Impulse orientieren sich eben nur an dem, was wir ohnehin schon kennen. Und gerade das wollen wir ja nicht.

Also stimulieren wir uns mit Dingen, Inhalten und Situationen, die absurd sind, die ganz klar aus bekannten Strukturen ausbrechen, die unsere Logik durchrütteln, die sich gegen alle Erwartungen verhalten, unrealistisch, skurril, bizarr, grotesk, kurios, merkwürdig, schräg und fremdartig sind.

Das können Texte, Bilder, Videos, Comics, Musik, verrückte physikalische Experimente, optische Täuschungen oder surreale Virtual-Reality-Erfahrungen sein. Einige Geschichten von Franz Kafka haben sich zum Beispiel als überaus nützlich erwiesen. Als praktische, weil zeitsparende Alternative zu Kafka eignet sich ein guter Vorrat an skurrilem Nischenwissen und absurden YouTube-Videos. Schauen Sie die Videos bis zu ihrem Einsatz nie ganz an, sondern speichern Sie sie in Ihrer »Absurd«-Playlist. Erst bei Bedarf sehen Sie sich eins an: Das kann ein Orchester sein, dass seine Instrumente aus Gemüse schnitzt, japanische oder thailändische TV-Spots, verstörende Performance-Kunst oder Ausschnitte aus surrealen Filmen (z. B. von Terry Gilliam). Sie können

> Ich steh voll auf Gemüse.
> Das ist wie knackiges, grünes Wasser.
>
> DOINGG
> Futurama

sich auch mit exotischer Musik aus dem mentalen Gleichschritt bringen, die Hauptsache ist: Konfrontieren Sie sich mit unrealistischen, surrealen Inhalten, die Ihre Denkstrukturen gehörig durcheinanderbringen.

1.10 Alleine oder in der Gruppe

Ob Sie alleine oder lieber in einer Gruppe kreativ sein wollen, ist sowohl eine Frage des persönlichen Arbeitsstils als auch der Umstände. Es gibt Methoden, die für Gruppenarbeit ausgelegt sind, andere eignen sich auch für die Arbeit alleine. Manche Fragestellungen lassen sich nur mit Hilfe von Experten oder eines Teams bearbeiten, andere können unkompliziert allein gelöst werden.

Ich persönlich mag sowohl den inspirierenden, direkten Austausch in der Gruppe, als auch das konzentrierte, ungestörte Fabulieren alleine.

Gruppe

Der größte Vorteil der Gruppenarbeit ist der unmittelbare Austausch untereinander. Man erhält direkt weitere Inspirationen, auf die man allein möglicherweise nie gekommen wäre, setzt andererseits Impulse bei den anderen Teilnehmern, auf die diese wiederum nie gekommen wären. Bei diesem »Weiterspinnen« potenziert man quasi mehrere Gehirne miteinander. Ich freue mich z. B. immer darauf, wenn beim Brainstorming-Ping-Pong die Inspirationen nur so hin und her flitzen.

Allerdings kann Gruppenarbeit auch schnell in die Hose gehen:

Erstens, wenn die Teilnehmer die Spielregeln des Kreativprozesses oder die der angewandten Kreativmethode nicht kennen. Sorgen Sie also dafür, dass allen Teilnehmern die wichtigsten Regeln des Kreativseins – z. B. dass während der Ideenfindung absolut keine Kritik geübt werden darf – bekannt sind. Machen Sie die Teilnehmer ggf. zu Beginn der Kreativrunde noch einmal kurz damit vertraut.

Zweitens, wenn die Gruppe eine eigene Dynamik hat oder entwickelt. Hier prallen nämlich nicht selten Persönlichkeiten oder Hierarchien aufeinander. Notorischen Kritikern muss man behutsam mit den Spielregeln begegnen, Alpha-Typen fällt es meist ohnehin schwer, sich in einer gleichberechtigten Gruppe zu bewegen, und introvertierte Schweiger sind wahrscheinlich mit einer schriftlichen oder Individualmethode produktiver.

Der **kreative Output von Gruppensessions** hängt zudem stark von der individuellen Zusammensetzung ab. Manche Konstellationen sprühen nur so vor verrückten Einfällen, andere bleiben an einer einzigen mediokren Idee kleben. Wenn Sie die Möglichkeit haben: Probieren Sie mit verschiedenen Zusammensetzungen aus, welches Team die produktivsten Ergebnisse bringt.

Große Gruppen teilen Sie so auf, dass jeweils nur 4-5 Personen direkt miteinander interagieren, beim Brainwriting z. B. können es auch bis zu 10 sein. Optimale Teilnehmerzahlen stehen auch bei den jeweiligen Methoden.

In Gruppen hat es sich als nützlich erwiesen, **einen Moderator und einen Protokollanten** zu haben. Der Moderator sorgt dafür, dass die Gruppe beim Thema bleibt und die Spielregeln eingehalten werden, der Protokollant notiert alle geäußerten Ideen, sofern sie nicht ohnehin schriftlich generiert werden.

Alleine

Für die schnelle Idee zwischendurch, wenn man den Aufwand klein halten möchte, für Stillarbeitsphasen im Rahmen eines größeren Workshops oder wenn man eh alleine arbeitet, eignen sich ebenfalls eine Reihe von Methoden. Ich nutze beispielsweise Mindmapping und morphologische Matrizen häufig, um mich einem Thema überhaupt erst einmal kreativ zu nähern. Der fehlende Input anderer Teilnehmer kann leicht mit synektischen Impulsen ausgeglichen werden (siehe Abschnitt »Synektik« in Kapitel 4 »Kreativmethoden«). Untersuchungen haben ergeben, dass allein Arbeitende häufig die kreativeren Ideen hervorbringen, auch weil Gruppendruck und Kritik ausbleiben.

> Jedem gerecht zu werden, ist die Abkürzung zu langweilig.
>
> CAROLYN SEWELL
> Illustratorin

Bei der Arbeit allein fällt es auch leichter, bereits gesammelte Ideen beiseite zu legen und später – nachmittags, am nächsten Tag, in der nächsten Woche – wieder darauf zurückzukommen.

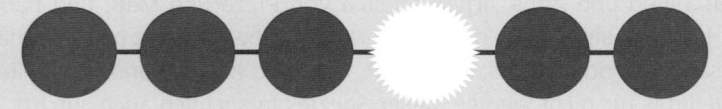

2 Kreativprozess

2.1 Systematisch kreativ werden

Kreativität organisieren – geht das überhaupt?

Ideen kommen doch beim Joggen oder Duschen oder sind einfach da – warum sollte man also Kreativität organisieren?

Bei Kreativität denken viele: »Die hat man, oder die hat man nicht«. Menschen aus klassisch »unkreativen« Berufen schauen entweder neidisch oder kopfschüttelnd auf die »Kreativen« – je nachdem, ob sie selber auch gerne so einen Berufsweg gewählt hätten oder sie die Kreativen sowieso für Spinner halten. Auf Ingenieure und Softwareentwickler blickt man mit einem kaum anderen Blick: Die tüfteln tagein tagaus an ihren Maschinen und Apps, ernähren sich von Pizza und Mate und haben kein Sozialleben. Kreative sind, wenn man die herkömmliche Meinung befragt, chaotische Gelegenheitsarbeiter oder Nerds: verzettelt, verplant, konfus. Und woran liegt das? Vielleicht, weil das für nicht wenige dieser Spezies tatsächlich auch zutrifft. Wer etwas anderes als den Standard für seine Arbeit – sein Tagewerk – will, der muss selbst auch anders als der Standard sein.

Und weil die eine Hälfte der Berufskreativen nicht fünf Tage die Woche je acht Stunden kreativ am Stück arbeitet, sondern sich dazwischen zu Inspiration und Reflexion in ein Café, einen Biergarten, an den Strand oder sonst wohin verdrückt und eben nicht im Atelier, Studio oder in der Schreibstube anzutreffen ist, ergibt die Frage, »Was machen die eigentlich den ganzen Tag?«, schnell ein verzerrtes Bild. Aber kreative Konzeption kann ja überall stattfinden.

Zurück zur Frage, ob sich Kreativität organisieren lässt. Denken wir mal an bildende Künstler – da wird unheimlich viel nachgedacht, skizziert, probiert, ent- und verworfen. Maler und Bildhauer arbeiten fast immer allein, das heißt sie müssen schon sich und ihre Zeit selbst gut organisieren, um irgendwann ein nennenswertes Werk geschaffen zu haben. Da findet man irgendwann hoffentlich auch heraus, zu welcher Tages-, Wochen- oder Jahreszeit man gut arbeitet, ob dies in einem kleinen oder großen Raum besser flutscht oder welches Material die nach eigenen Maßstäben optimalen Ergebnisse liefert. Darstellende Künstler, also Schauspieler, Musiker, Sänger und Tänzer an Theater, Oper und Ballett, sind häufig in Ensembles organisiert. Dort finden gemeinsame Vorspiele, Anspiel-, Kostüm-, Haupt- und Generalproben statt, und jeder übt zu Hause, was das Zeug hält. Der Tag der Premiere steht viele Monate, vielleicht sogar Jahre im Voraus fest – wenn diese Kreativen sich nicht organisieren (lassen) würden, gäb's nie eine Premiere. Wenn also selbst Künstler ihre kreative Arbeit organisieren, warum dann nicht wir anderen?

Noch ein Beispiel: gute Werbeagenturen. Hier muss das kreative Schaffen systematisch organisiert sein. Denn welcher Werber geht schon so lange joggen oder duschen, bis endlich eine Idee in der gewünschten Qualität aufpoppt – und wie lange soll das dauern, wenn man 20 Ideen braucht? Welcher Kunde würde akzeptieren, dass die Kreation einer guten Idee separat und nach Aufwand berechnet wird – in Form von Kilometer-Pauschale oder Warmwasserverbrauch? Und warum eigentlich nicht?

Schließlich Ingenieure und Informatiker: Hier wird so lange systematisch herumprobiert, per Trial-and-Error ausgeschlossen und das Design-of-Experiment variiert, bis es endlich wie gewünscht klappt.

Kreativität verträgt ein bisschen Ordnung und Systematik also ganz gut. Und jeder, der malt, schreibt, designt, entwickelt oder entwirft, wünscht sich so manches Mal ein paar Tricks, mit denen man nicht nur schneller, intensiver und zielführender arbeitet, sondern damit vielleicht auch noch ein bisschen mehr aus sich herausholt.

Und genau da kann ein Kreativprozess helfen.

Denn bei der Organisation von Kreativität geht es nicht um Terminkalender, Ablagesysteme und Aktenordner, sondern um das **Erkennen und Reflektieren der eigenen Arbeitsweisen und Denkstrategien**. Und um ein paar elementare Regeln, mit denen man jeden schöpferischen Prozess, egal ob intuitiv oder geleitet, beschleunigt und intensiviert.

Vereinfacht ausgedrückt: Wer erkennt, dass man bestimmte Dinge besser nacheinander tut, kann schon kreativer sein.

Kreativität organisieren – und wie nützlich ist das?

Dass Berufskreative regelmäßig, ja quasi täglich, neue Ideen bringen müssten, um diesem Titel gerecht zu werden, haben die meisten nicht auf dem Zettel. Viele Kreative übrigens auch nicht. Und das sieht man vielen Arbeiten und Produkten irgendwann leider auch an. Eine mehr oder weniger geniale Basisidee wird vom Prinzip her wiederholt, vielleicht ein wenig variiert, mal etwas größer oder kleiner umgesetzt, mal für eine andere Zielgruppe, mal mit etwas anderen Materialien. Aber sonst? Never change a running system. Das mag für einen gewissen Zeitraum durchaus okay sein, aber auf Dauer und für ein ganzes Leben sowieso ist das einfach zu wenig. Da geht deutlich mehr!

> Wenn man eine gute Idee haben will, muss man viele Ideen haben.
>
> LINUS PAULING
> zweifacher Nobelpreisträger

Wer gelegentlich eine neue Idee benötigt, muss nur einigermaßen umtriebig sein. Wer häufig neue Ideen braucht, kann noch umtriebiger sein oder: seine Ideenfindung optimieren. Und wenn man nun noch berücksichtigt, dass nicht jede Idee gut ist, kann man bei der Ideenproduktion schon fast industrielle Maßstäbe ansetzen. »Wenn man eine gute Idee haben will, muss man viele Ideen haben«, stellte Linus Pauling, ein zweifacher Nobelpreisträger, fest.

Welche der in den folgenden Kapiteln vorgestellten Kreativ-Hilfsmittel man an welchem Punkt der Ideenfindung nutzen möchte, ist egal. Wichtig ist die Erkenntnis:

Mit einem organisierten Kreativprozess produziert man ganz einfach viel mehr Ideen und Inspirationen in viel kürzerer Zeit.

2.2 Kreativprozess

Der Begriff »Kreativprozess« kann auf mindestens zweierlei Arten verstanden werden: als nebulöser Schöpfungsakt, bei dem zum Beispiel – zumindest in meinem Kopfkino – ein esoterischer Maler nackt und schrill kreischend durchs Atelier springt und mit Farbe und Kot um sich wirft. Oder als definierte Abfolge von Einzelschritten zur Entwicklung eines Gedankens. Hier ist Letzteres gemeint.

Der Kreativprozess enthält neben der eigentlichen Ideenfindung, der Ideation, noch weitere Schritte und **beginnt immer mit dem ersten Impuls**, etwas zu tun. Häufig ist das ein Auftrag, eine Aufgabe, ein aufgetauchtes Problem oder eben die Vorstufe einer Idee. Ein Auftrag wird im Idealfall von einem **Briefing oder Pflichtenheft** begleitet. Hier wird beschrieben, wofür genau eine Lösung benötigt wird. Nach der daran anschließenden intensiven **Informationsphase** folgt eine Art Bedenkzeit, die **Inkubationsphase**. Erst danach startet man mit der eigentlichen Suche nach Ideen – das ist die **Ideation**. Sie ist, genau wie das Auftraggeber-Gespräch oder die Informationsphase, richtige Arbeit. Ideenfindung kann nebenbei und zufällig geschehen – darauf kann man sich als Auftragskreativer allerdings nicht verlassen. Also muss man sich Zeit dafür nehmen und die Sache systematisch und gezielt angehen: mit Kreativmethoden und Kreativtechniken. Worin der Unterschied besteht, wird gleich erklärt.

Wenn im Folgenden von Ideation oder Kreativsession die Rede ist, meine ich immer diesen konkreten Zeitraum, in dem man aktiv und produktiv Ideen ausschließlich generiert und sammelt.

Erst **nach der Ideation**, also wenn man richtig viele Ideen generiert hat, werden diese **bewertet**. Nur mit einer Handvoll ausgewählter Ideen geht's in die **Ausarbeitung**. Denn viele Roh-Ideen lassen sich so, wie sie auf die Welt gekommen sind, praktisch nicht umsetzen und müssen noch verfeinert, modifiziert, eben ausgearbeitet werden. Erst ganz am Ende des Kreativprozesses erfolgt die **Realisation** von einer oder zwei Ideen, die das Ausarbeitungsverfahren überstanden haben.

Um alle Schritte sinnvoll miteinander zu verbinden und aufeinander aufzubauen, ist es ungemein nützlich, alle Gedanken aufzuschreiben, zu protokollieren und Notizen und Skizzen zu Bildern im Kopf zu machen. Das hilft vor allem dabei, den Faden zu einem späteren Zeitpunkt wieder aufzunehmen und nicht nur auf das mehr oder weniger löchrige Kreativengedächtnis angewiesen zu sein.

Die Abbildung auf der nächsten Doppelseite zeigt, wie viele Ideen im Verlauf eines typischen Kreativprozesses entstehen, verworfen und schließlich ausgearbeitet werden.

2.3 Briefing oder erster Impuls

Am Anfang steht entweder die Aufgabe oder der Impuls, zu einem bestimmten Thema »etwas zu machen« – je nachdem, ob Sie im Auftrag eines Kunden oder aus Eigeninitiative aktiv werden.

Beim Briefing durch den Kunden holen Sie sich alle Informationen ab, die er Ihnen geben kann oder will. Das sind zum Beispiel Erläuterungen zum Unternehmen, falls Sie es noch nicht kennen, oder aktuelle Entwicklungen, falls Sie das Unternehmen schon einigermaßen gut kennen. Weiterhin sind dies Informationen zum Produkt, zur Person oder zur Dienstleistung, Hinweise zum Marktumfeld, wer die Mitbewerber sind, wie, wo und wann das Produkt angeboten wird, Informationen zur Zielgruppe und zur Verwendungssituation, Hinweise zur Bedürfnisbefriedigung und dazu, ob es relevante technische oder gesellschaftliche Trends gibt und schließlich die wichtigste Frage: Welches Problem oder welche Aufgabe(n) gelöst werden soll(en).

Wichtig: Hier sollten Sie viele Fragen stellen, die Ihnen später als Filter zur Eingrenzung des kreativen Ergebnisraums dienen: zum Beispiel zu Umfang, Zeitraum, Mittel, können oder dürfen Dritte einbezogen werden und natürlich zum Budget.

Auch gut zu wissen: Überall dort, wo der Kunde keine Meinung hat, entsteht Freiraum für Ihre Arbeit.

Auch wenn es vielleicht in erster Linie nicht nur um wirtschaftlichen Erfolg geht – in punkto Selbstvermarktung spielt Eigeninitiative immer eine enorm wichtige Rolle. Wie soll man sonst sein Können und seine Visionen kommunizieren? Also benötigt man permanent Impulse. Manchmal treffen sie uns einfach so, ein anderes Mal muss man sich auf die Suche nach ihnen machen. Wie das geht, wurde im vorigen Kapitel »Basics« beschrieben. Jedenfalls hat man also plötzlich so einen Impuls, eine Inspiration oder auch fixe Idee, wie »Ich sollte diese Funktion mal so einsetzen.«, »Das ist ja ein interessantes Detail!«, »Wenn man das hier durch das da ersetzen würde ...« oder »Wenn da jetzt ein Huhn säße ...«. Dann bitte: Sofort Skizze, Foto oder eine kleine Notiz dazu aufschreiben: »Sport aus Sicht der Turnhose«, »sexy Schraubverschluss«, »über den Fahrtwind angetriebene Fahrraddynamos« und »Huhn statt Mensch«. Dazu eignet sich zum Beispiel die App Evernote hervorragend, aber auch klassische kleine Notizhefte.

IDEENMENGE

So viele Ideen entstehen im Verlauf eines typischen Kreativprozesses, werden verworfen und schließlich ausgearbeitet.

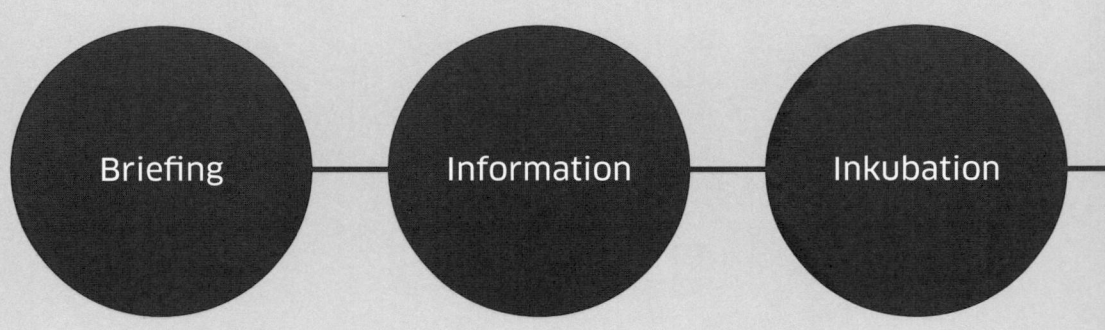

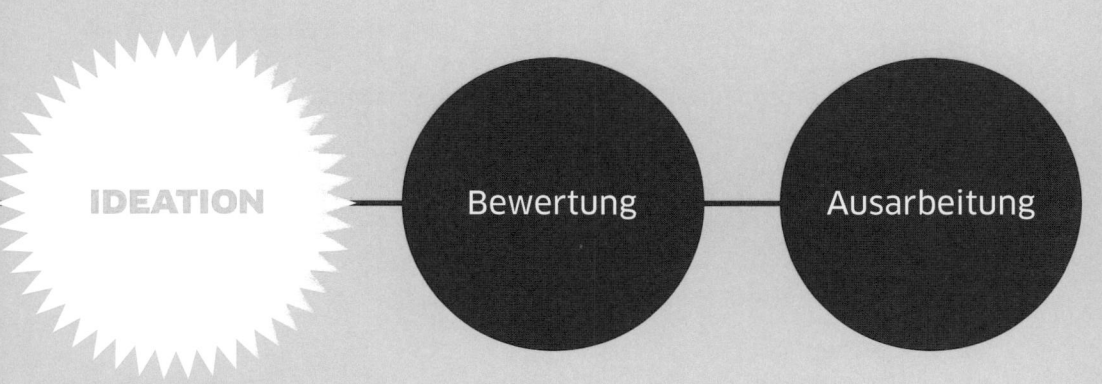

Nicht selten ist so eine Inspiration schon sehr konkret, dann könnte man gleich in die Umsetzungsphasen der Ausarbeitung oder gar der Realisation springen. Allerdings lohnt es sich, immer auch über Varianten, Weiterentwicklungen, Verfeinerungen, Übertreibungen und andere Anwendungsfelder nachzudenken und auf diese Art eine spontane Inspiration noch etwas zu bebrüten. Doch erwarten Sie nicht zu viel von Ihren Ideen – die wenigsten Lösungen kommen perfekt auf die Welt.

Das Bessere ist der Feind des Guten.

Ist der Impuls eher vage, wie »Ich sollte mal ein anderes Material ausprobieren«, »Dieses Genre passt nicht so richtig zu meinem Text.«, »Tolles Medium, damit müsste man was Cooles machen.«, »Irgendwas mit klassischer Malerei« oder »Ich müsste irgendwo Insider sein.«, geht's einfach weiter mit dem nächsten Prozessschritt Information.

Do-it-yourself

Was macht das Unternehmen/die Organisation/die Person/das Produkt?

Wie machen sie es?

Warum machen sie es so?

Was machen sie nicht?

Wie sieht das Marktumfeld aus?

Wer ist die Zielgruppe?

Welches Bedürfnis wird befriedigt?

Gibt es Trends?

Was ist die eigentliche Aufgabe/das Problem?

2.4 Informationsphase

Nach dem ersten Impuls oder dem Briefing folgt eine intensive Informationsphase. Die kann man auch Recherche nennen. Hier verschaffen Sie sich zunächst einen Überblick über alle möglichen Informationsquellen und -arten, die von Bedeutung sein könnten: Medien und Themen, Zeitungen und Zeitschriften, Technik und Kunst, Internet und Bibliotheken, Patentämter und Messen, Museen und Ausstellungen, Personen und Interviews, Locations und Epochen, Zahlen, Daten, Fakten, Trends und Nachrichten. Machen Sie dazu eine To-do-Liste, damit nichts vergessen wird, und arbeiten Sie diese gründlich ab.

Aufgaben und Probleme löst man, indem man sie analysiert und so lange auseinandernimmt, bis man versteht, worin das eigentliche Problem besteht, beziehungsweise wofür man eine Lösung sucht.

Denken und suchen Sie in alle Richtungen: zeitlich, räumlich, inhaltlich, medial. Wie, wann, wo, durch wen und warum wurde bzw. wird etwas früher, heute und in Zukunft in Zusammenhang mit der Aufgabe oder dem Impuls gemacht? Notieren Sie alle Ergebnisse, zum Beispiel in Form einer Mindmap (siehe Kapitel 5 »Kreativtechniken«).

Allein diese intensive Auseinandersetzung sorgt schon für weitere Inspiration, die nicht selten direkt zur finalen Idee führt. Außerdem erfahren Sie alles, was Ihr Auftraggeber nicht erwähnt hat und viele Details, die noch mal interessant werden könnten.

Der Zeitraum für die Recherche variiert mit jedem Projekt. Manchmal hat man nur wenige bis 24 Stunden, um sich schlau zu machen, ein anderes Mal sind es Tage bis Wochen, selten Monate bis Jahre. Wie viel Zeit auch immer zur Verfügung steht: Versuchen Sie, einzelne Info-Sessions möglichst intensiv zu halten. Denn sobald man voll in das Thema eintaucht und sich konzentriert auseinandersetzt, sind alle Fakten und Einzelheiten parat und können auch hier schon sehr gut miteinander in Beziehung treten. Zum Beispiel im Kopfkino.

Jede Information – und mag sie noch so belanglos scheinen – kann Ausgangspunkt für eine fantastische Idee sein.

Machen Sie eine To-do-Liste der Informationsquellen.

Wie, wann, wo, durch wen und warum wurde etwas gemacht?

Wie, wo, durch wen früher, heute und in Zukunft?

In alle Richtungen denken und suchen: hierarchische, thematische, technische ...

In welchem Kontext wurde es noch nie verwendet?

Wie wird das Problem in anderen Kontexten gelöst?

Alle Sinne involvieren

Protokollieren

2.5 Inkubation

Nach der intensiven Informationsphase darf man sich ein wenig entspannen. Alles, was man eben via Druckbetankung erfahren und gelernt hat, bekommt nun Zeit, sich zu entwickeln, miteinander und mit weiteren zufälligen Begegnungen in Beziehung zu treten. Alles, was wir sehen und tun, unterliegt von nun an der selektiven Wahrnehmung. Bei den einfachsten Alltagstätigkeiten bilden sich Assoziationen: beim Tanken – »Wie passt der Zapfhahn in die Ideenwelt?« –, beim Einkaufen – »Was haben Cornflakes mit der Aufgabe zu tun?« –, beim Radfahren – »Blitzlicht durch Muskelkraft« –, beim Essen oder Reifenwechsel – »Bratensoße mit Metallic-Effekt«– oder beim Musikhören – »Dieses Instrument generiert Töne auf eine besondere Art«.

Weil man sich dagegen nicht mal wehren kann und diese Assoziationen einfach da sind, nutzt man die Tage zwischen Informationsphase und Ideation für die ganz zwanglose, automatische Verknüpfung von Aufgabe beziehungsweise erstem Impuls mit den zusätzlichen Informationen und den zufälligen Alltagsbegegnungen. Ein ganz besonderer Nebeneffekt ist der, dass einen dieser aufmerksame Blick auch noch zu völlig anderen »Erfindungen« führt, auf die man es nicht abgesehen hatte – so, wie Kolumbus den westlichen Seeweg nach Indien suchte.

Der Begriff »Inkubation« bedeutet »Ausbrüten« und beschreibt in der Medizin den Zeitraum der Keimvermehrung zwischen Ansteckung und Ausbruch einer Infektionskrankheit. Und so soll es hier auch sein: Impulse vermehren sich. Gratis und von allein. Und im Kopfkino.

2.6 Ideation

Der Kern des Kreativprozesses ist die »Ideation«, die eigentliche Ideenfindung.

Es ist der Zeitraum, den man sich nimmt, um gezielt und konzentriert an der Lösung einer Aufgabe herumzudenken oder den ersten Impuls gezielt weiterzuentwickeln. In dieser Zeit kommt DIE Idee, geht die berühmte Glühbirne an, der Funke zündet, es ist die Zeit der Heureka!-Momente. Das funktioniert alleine, aber auch besonders gut in einer kleinen Gruppe.

Meistens merkt man sofort, wenn eine Idee Klasse hat: Sie trifft den Nagel auf den Kopf und bringt die Lösung auf den Punkt, sie inspiriert sofort zum Weiterdenken: Die anderen springen gleich auf den Zug auf, spinnen sie in alle Richtungen weiter und schmücken sie aus.

Manchmal merkt man aber nicht gleich, wie gut eine Idee ist, denn nicht jede ist sofort als Spitzenidee erkennbar. Häufig, weil irgendein Detail oder Parameter noch nicht so ganz stimmig ist. Um dieses Potenzial nicht zu verschenken, gibt's ein paar kleine, nützliche Rahmenbedingungen – an erster Stelle: ein Stichwort-Protokoll, doch dazu gleich mehr.

Außerdem: Damit die Ideenfindung gut und zuverlässig funktioniert, gibt's eine Handvoll Spielregeln, deren Einhaltung sich positiv bis entscheidend auf die Ergebnisse auswirkt. Als aller-, allerwichtigster Punkt: Bei der Ideation gibt es keine Kritik.

Muss man immer alle Schritte absolvieren? Eindeutig: Nein.

Direkt im Anschluss an die Aufgabenstellung oder den ersten Impuls in die Ideation zu gehen, funktioniert auch sehr gut. Die ersten Schritte, also Information und Inkubation, sind optional. Allerdings startet man ohne sie mit einem deutlich kleineren

Inspirationsraum. Für die kleine Idee schnell mal zwischendurch ist das aber völlig okay.

Die anschließende Bewertung ist dagegen unverzichtbar, es sei denn, man hatte nur eine (gute) Idee. Auch die Ausarbeitung kann wegfallen, sofern die Idee(n) in der Ideation schon realisationsreif ausformuliert wurde(n). Häufig benötigt man für die Ausarbeitung und Realisation noch einmal eigene Ideation-Sessions, um unerwartet aufgetauchte Probleme zu lösen oder zu umschiffen. In einigen Bereichen schließt sich noch die Vermarktung an, die an eine Werbeagentur delegiert oder mit eigenen Kreativprozessen bewältigt werden kann.

Um Verwirrung vorzubeugen: In der amerikanischen Fachliteratur ist mit Ideation meist der gesamte Kreativprozess gemeint, der Generierung, Entwicklung und Umsetzung von Innovationen beinhaltet. Ich und ein paar andere, auch amerikanische, Autoren verwenden ihn jedoch synonym nur mit der Frage, wie und auf welche Art und Weise neue Ideen generiert werden.

2.7 Rahmenbedingungen

Ruhige, ungestörte Atmosphäre

Um gut und produktiv kreativ arbeiten zu können, benötigt man eine ruhige, ungestörte Atmosphäre. Man muss dafür nicht ins Kloster gehen, aber Handy, Telefon und sonstige Notifications gehören auf jeden Fall ausgeschaltet. In der Agentur, in der ich arbeite, haben wir dafür drei Räume, in denen es keine Telefone gibt, und zwei davon liegen weit abseits des Agenturtrubels. Draußen hängen wir ein »Synapsen at work«-Schild auf, sodass auch niemand reinstört, wenn man in Sitzsäcke gelümmelt im Flow herumspinnt, wild herumgestikuliert oder schauspielerisch gerade in die Rolle eines Huhns geschlüpft ist.

Gruppengröße

Besonders produktiv ist man in überschaubaren Gruppengrößen. Je nach Kreativmethode variiert das zwischen einem und ca. fünf Teilnehmern. Eine Mindmap bekommt man zum Beispiel ganz gut alleine hin, zu zweit macht man Ideen-Ping-Pong, zu fünft Brainstorming und mit noch mehr Personen geht man idealerweise zum Brainwriting über, da man still arbeitet. (Sie erfahren mehr über diese Methoden in Kapitel 4 »Kreativmethoden«.) Ist die Gruppe größer, weil zum Beispiel von Auftraggeberseite Teilnehmer mit eingebunden werden sollen, bildet man einfach mehrere kleine Gruppen und arbeitet schriftlich oder in zwei verschiedenen Räumen.

Die Gruppengröße ist ein nicht unerheblicher Einflussfaktor auf die Ergebnisqualität. Kleine Gruppen sorgen unter anderem dafür, dass jeder zu Wort kommt – auch eher Introvertierte und Besonnene, die ja trotzdem großartige Impulse liefern können. Kleine Gruppen bis fünf Personen sorgen für eine Kommunikation auf Augenhöhe. In größeren Gruppen, vor allem solchen, in denen eine gewisse berufsalltägliche Hierarchie gilt, kristallisieren sich immer die gleichen Alpha-Tiere und Vorgesetzten als Meinungsbildner heraus, sodass sich andere Teilnehmer schlicht nicht mehr trauen, auch unpopuläre, absurde oder tabubrechende Ideen in die Runde zu geben.

Festes Zeitbudget: Kreativsessions

Mit dem Team ein ganzes Wochenende im angemieteten Ferienhaus brainstormen – das hält doch keiner aus. Kreation ist hochkonzentrierte Facharbeit. Nehmen Sie sich daher je nach Methode und Aufgabe eine feste Zeitportion und nutzen Sie diese voll aus. Für kleine Ideen zwischendurch eignet sich zum Beispiel Ideen-Ping-Pong mit einer Zehn-Minuten-Session. Für anspruchsvolle Aufgaben eine bis mehrere intensive 60- bis 90-Minuten-Sessions mit Brainstorming, Mindmapping, Brainwriting, morphologischer Matrix etc. (siehe Kapitel 5 »Kreativmethoden«).

Falls am Ende immer noch keine überzeugende Menge Ideen entstanden ist, und Sie noch Lust haben, weiterzumachen: Prima, tun Sie das unbedingt! Drängt der nächste Termin, dann planen Sie einfach noch eine oder weitere Sessions, je nach Budget und Anspruch.

Protokoll

Damit keine Inspiration verloren geht, werden alle Ideenansätze stichwortartig oder skizzenhaft mitgeschrieben. Bei den schriftlichen Methoden erübrigt sich das meist, aber bei Brainstorming und Synektik muss einfach protokolliert werden, denn schon am nächsten Tag bekommt man häufig nicht mal mehr die fünf besten Ideen aus dem Gedächtnis rekonstruiert. Schade, denn diese eine Idee da, äh …, die mit dem Dings …, die war doch irgendwie gut, oder?

2.8 Spielregeln

Für alle Kreativmethoden und -techniken gelten die gleichen elementaren Regeln. Damit der Aspekt des lockeren Umgangs, des Spinnens und des Spielens betont wird, nennen wir sie Spielregeln.

In dieser Handvoll einfacher Spielregeln liegen die größten Potenziale für eine produktive Ideation, gleichzeitig aber auch die größten Hürden und Ideenkiller, wenn man sie nicht befolgt.

Fangen wir mit der zweitwichtigsten Spielregel an:

Jeder Gedanke zählt

Egal wie absurd, brillant, albern, hervorragend, unmöglich, treffend, billig, intelligent, abgedroschen, pointiert, bemüht, witzig, lahm, kreativ, öde, spannend, langweilig, gefährlich … eine geäußerte Idee zunächst auch klingen mag – sie wird berücksichtigt und notiert. Denn man weiß vorher nie, zu welcher weiteren Inspiration sie führt. Im Laufe eines dynamischen 60-Minuten-Brainstormings kommen leicht 100 Primär-Ideen zusammen. Davon bleiben nach der Bewertung nur fünf Prozent übrig, und nur zwei bis drei von 100 schaffen es in die Ausarbeitungsphase. Man kann sich also beruhigt zurücklehnen, wenn Bullshit-Ideen genannt werden – die fliegen später bestimmt wieder raus.

Keine Kritik

Die mit Abstand wichtigste Spielregel für alle kreativen Prozesse ist die kompromisslose Trennung von Ideenfindung und Ideenbewertung.

Wer nur diese eine Regel konsequent befolgt, ist sofort und automatisch kreativer und hat mehr und somit auch mehr bessere Ideen. Hier könnte man aufhören zu lesen und hätte trotzdem einen großen Nutzen durch dieses Buch.

Eine Wertung muss nicht immer verbal sein, auch Gestik und Mimik gehören dazu: Es beginnt mit einem besorgten »Ouh!«, geht über den mitleidigen Blick, Augenrollen, heruntergezogene Mundwinkel, durch die Zähne eingezogene Luft, Hand-an-den-Kopf-schlagen und endet bei einem respektlosen »Das ist doch Scheiße« beziehungsweise einem Finger-in-den-Hals-stecken. Übrigens sind auch eigene Wertungen tabu, negative wie positive: »Ich hab' die perfekte Lösung, nämlich …« oder »Die Idee ist nicht so gut, aber ich sag' sie trotzdem …«.

Jede Kritik oder Wertung in der Ideenfindungsphase, und sei sie noch so subtil oder charmant vorgebracht, stoppt den Ideenfluss und das Zutrauen aller Teilnehmer. Sie ist in dieser Phase extrem kontraproduktiv und daher absolut unerwünscht, mehr noch: Sie ist hier definitiv verboten. Wer jetzt gegen diese Spielregel verstößt, wird aus der Ideenfindungs-Session ausgeschlossen. Immerhin steht die Existenz sehr guter Ideen auf dem Spiel.

Wer mehr über die Ursachen von Kritik und wie man sie vermeidet, wissen will, findet in Kapitel 3 »Kreativitätskiller« Input.

Es gibt keine Tabus

Als kreativer Verstärker zu den ersten beiden Spielregeln wirkt die dritte: Wenn man in der Ideenfindungsphase alle Tabus über Bord wirft, können automatisch abnorme, ungewöhnliche, abwegige, ausgefallene, absonderliche, regelwidrige, abartige, ja perverse, schockierende oder ekelerregende Ideen entstehen. Denn Tabu bedeutet eigentlich »unberührbar« –, und was ist reizvoller als ein Verbot oder leeres Feld?

Tabubrüche können sich allgemein auf Ethik, Politik, Rasse, Technik, Ernährung, Sexualität, Religion, Kultur, Exkremente, Gesundheit, Alter, Tod etc. beziehen. In manchen Berufsgruppen (ärztliche Kunstfehler) und innerhalb von Unternehmen (cholerischer Chef) können ebenfalls Tabus existieren. Der Fantasie zur Grenzübertretung sind jedenfalls keine Grenzen gesetzt. Und weil man über den Verlauf einer Kreativsession Verschwiegenheit vereinbaren kann, traut man sich, auch das Unvorstellbare zu denken und auszusprechen.

Falls eine daraus resultierende Idee beängstigend extrem sein sollte: In der anschließenden Bewertung fliegt sie entweder raus oder kann in der Ausarbeitung etwas gezähmt werden. Oder man treibt sie auf die Spitze und muss sie fortan in der Giftschatulle aufbewahren.

BULLSHIT-BERG

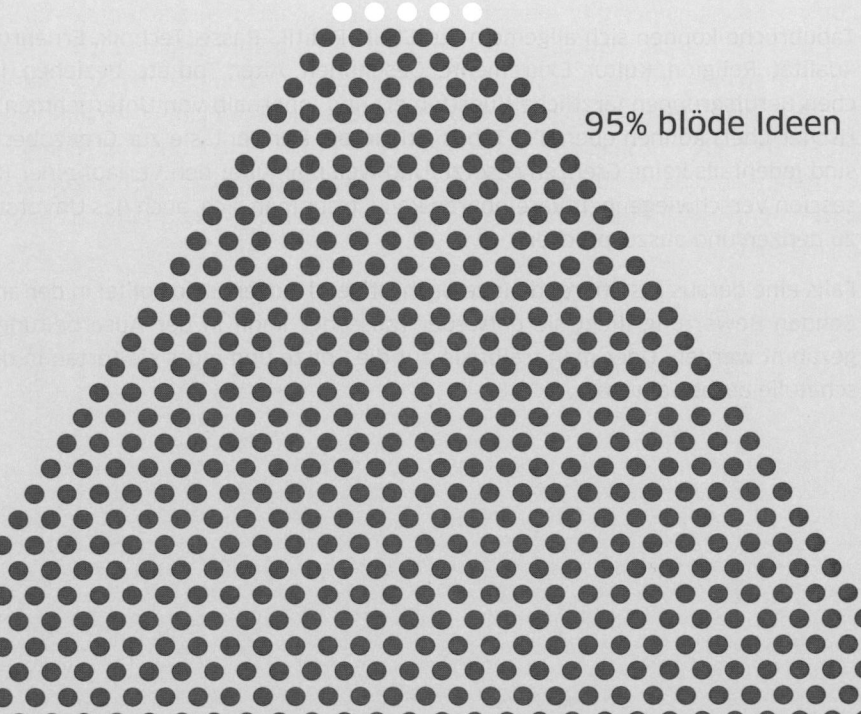

5% gute Ideen

95% blöde Ideen

Kurz und knapp

Fassen Sie sich in der Vorstellung von Gedanken kurz und knapp. Auf Fakten, Pointen und Eckdaten reduziert, stichwortartig und verständlich. Bringen Sie die Idee auf den Punkt. Keine Umschweife. Lassen Sie den anderen Gelegenheit, sich schnell in den Gedanken einzuklinken, ihn fort- und weiterzuentwickeln. Ihre Inspiration soll Ausgangspunkt für Variationen, Abwandlungen und Übertreibungen sein, kein abendfüllender Vortrag.

Brainstorming zum Beispiel lebt entscheidend von Geschwindigkeit. Und: Man kann schneller denken als reden oder schreiben.

Briefing und Information der Teilnehmer

Falls Sie in oder mit einem Team arbeiten, müssen Sie die übrigen Teilnehmer vor der eigentlichen Ideation mit ins Boot holen. Das heißt, Informationen aus der Aufgabenstellung und gegebenenfalls der Informationsphase müssen den Teilnehmern zur Verfügung stehen. Für kleinere Projekte reicht dazu eine kompakte Zusammenfassung der Aufgabenstellung plus ein paar interessante Erkenntnisse aus der Recherche sowie die Filterfragen. Das Briefing des Teams unmittelbar vor der Ideation sollte 10 bis 15 Minuten nicht überschreiten, anschließend kann man gut noch 60 bis 90 Minuten kreativ sein, bevor man eine erste Pause einlegt. Ist das Thema oder die Aufgabe komplex, wird das Briefing dem Team ausreichend vorher zur Verfügung gestellt und jede/r erscheint wohlinformiert zur Ideation, oder man erarbeitet es sich gemeinsam.

Teilnehmer

Wer nimmt an einer Kreativ-Session teil? Die ganze Abteilung, nur Sie und ein Kollege, der gerade Zeit hat, nur die Entwickler, nur die Marketingleute, die ganze Firma, auch Fachfremde oder Externe? Je nach Art und Bedeutung der zu lösenden Kreativaufgabe sind alle Antworten richtig.

Starten Sie mit einem kleinen Team und schauen Sie, wie weit Sie kommen. Variieren Sie die Teamzusammensetzung nach Ihren Erfahrungen aus vorangegangenen Sessions. Eine Gruppe von Spezialisten wird sich sehr tief in die Materie hineingraben können, aber Fachfremde und Externe haben einen vielleicht naiven, aber frischen und unverbrauchten Blick auf die Dinge. Also laden Sie sich alle möglichen Externen ein. Denn ob jemand gute Ideen zu einem bestimmten Thema hervorzubringen vermag, steht jedenfalls nicht unbedingt auf seiner/ihrer Visitenkarte. Ich habe die besten Erfahrungen mit sehr heterogenen Teams gemacht: Nerds und Rookies, Junge und Alte, Designer und Projektmanager, Texter und Entwickler, Chef und Schüler – zusammen generieren ihre Köpfe die besten Ideen.

EINE UNGENAUE ANTWORT AUF DIE RICHTIGE FRAGE IST VIEL MEHR WERT, ALS EINE PRÄZISE ANTWORT AUF DIE FALSCHE FRAGE.

John W. Tukey
Amerikanischer Statistiker,
prägte die Begriffe *Bit* und *Software*

2.9 Single Minded Proposition oder die kreative Fragestellung

Eine Kreativsession startet, neben dem Briefing für gegebenenfalls neu hinzugekommene Teilnehmer, immer mit einer zentralen Frage, nämlich:

»Was genau suche ich?«

Dies ist die sogenannte Single Minded Proposition (SMP). Konkret wird Ihre Kreativsession sicher mit einer anderen Frage beginnen, aber eins nach dem anderen.

Was wird eigentlich gesucht?

Um eine Aufgabe zu lösen, muss man sie erst einmal so lange analysieren, zerlegen und hinterfragen, bis man versteht, worin das eigentliche Problem überhaupt besteht, beziehungsweise wofür man im Grunde eine Lösung sucht. Den Auftrag oder Ihren ersten diffusen Impuls kann man ja durchaus als Aufgabe beziehungsweise Problem bezeichnen. Die Vorbereitungen in der Briefing-, Informations- und Inkubationsphase sind dann das Auseinandernehmen.

Der vielleicht wichtigste Bestandteil der Analyse ist aber das Hinterfragen – und dabei ist das kindliche »Warum« eines der besten Tools. Fünf Mal in Folge »Warum« gefragt und aufrichtig und fundiert beantwortet, führt Sie sehr nahe an das tatsächliche Problem heran. Gut sind auch, »Wie ist das genau gemeint?« und »Welche Alternativen gibt es?«.

Ein einfaches Beispiel, nur um das Prinzip zu verdeutlichen:

Ausgangslage: »Ich will mein Produkt verbessern«, ist die zu allgemeine Aussage eines sagen wir Pumpenherstellers.

Warum will er sein Produkt verbessern oder was will er verbessern? Eine Antwort könnte lauten:

»Ein paar Details sind in die Jahre gekommen.«

Warum sind sie in die Jahre gekommen?

»Weil ich mich scheue, modernere Komponenten zu integrieren.«

Warum scheuen Sie sich?

»Weil sich der Aufwand möglicherweise noch nicht rechnet.«

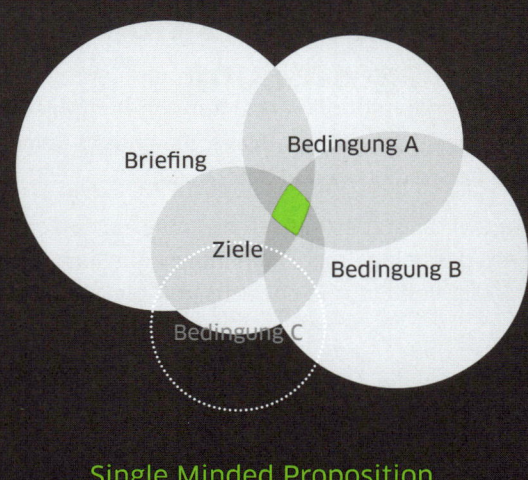

Briefing

Bedingung A

Ziele

Bedingung B

Bedingung C

Single Minded Proposition

Warum rechnet sich der Aufwand noch nicht?

»Weil die neuen Komponenten nicht in die alten Gehäuse und Halterungen passen.«

Warum passen die neuen Komponenten nicht in die alten Gehäuse?

»Weil die zu klein sind.«

Kann man die nicht anpassen?

Sie sehen, hier ergibt sich schon eine Vorstellung, wie man möglicherweise zu einem verbesserten Produkt kommt, das sich mit vertretbarem Aufwand realisieren ließe. Am vorläufigen Ende steht hier jedoch die Frage, was man mit den Gehäusen anstellt. Je nachdem, wie die Antworten lauten – und sie können an verschiedenen Tagen unterschiedlich lauten – richtet sich die Suche dann eher auf Gehäuse-Modifikationen oder auf kleinere Komponenten, die in die alten Gehäuse passen.

Hätte die jeweils erste Antwort anders gelautet, wären wir möglicherweise bei einer ganz anderen Ursache gelandet und müssten dementsprechend eine völlig andere Single Minded Proposition verwenden.

Arbeiten Sie also das eigentliche Problem oder einen kreativen Anreiz heraus, haben Sie eine perfekte Startposition in die Ideenfindung.

Auf den Punkt gebracht

Schließlich werden alle Informationen und Zwischenerkenntnisse in einer einzigen Zielformulierung zusammengefasst und verbal auf den Punkt gebracht – das ist die »Single Minded Proposition« oder die Kernfrage. Sie enthält keinen Nebensatz und auf gar keinen Fall zwei Fragestellungen in einer.

Diesen Kern formulieren wir außerdem als offene Frage. So nutzen wir die besonders vorteilhafte Eigenschaft, dass eine Frage auch immer die Suche nach einer Antwort provoziert. Auf einer Skala von 0 für »Schwachsinn« bis 10 für »Genial« bewerten Sie das mit ...?

Am Pumpenhersteller-Beispiel von oben könnte eine Single Minded Proposition also zum Beispiel lauten:

»Wie integriere ich moderne Komponenten in meine vorhandenen Gehäuse?«

oder

»Wie kann ich meine alten Gehäuse modifizieren?«

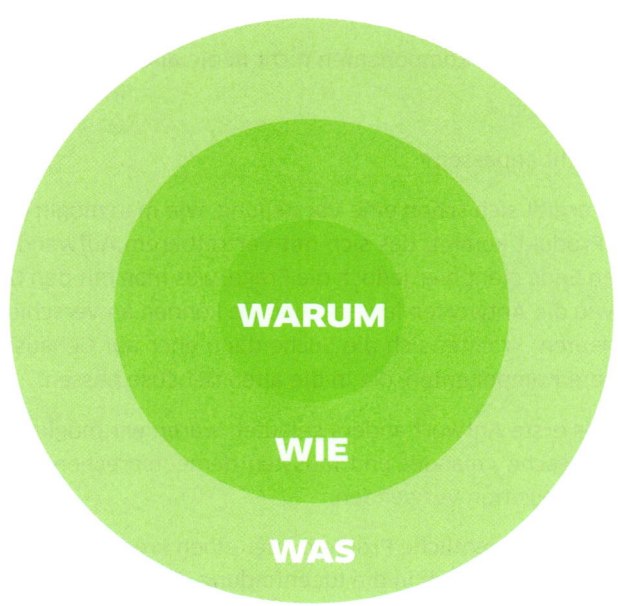

Was – Wie – Warum?

Auf die allgemeine Frage »Was will ich tun?« folgt »Wie will ich es tun?«. Beides sorgt sicher auch für gute Ideen. Aber erst die aufrichtige Beantwortung und Berücksichtigung der Frage nach dem »Warum will ich es tun?« führt uns zur eigentlichen Motivation und Ursache. Wollen Sie echte Probleme lösen, Umsatz generieren, ein erfolgreiches Produkt launchen, mehr Geld verdienen, das beste Produkt seiner Klasse bauen, Aufwand minimieren, Marktführer werden? Nur vorbehaltlose, offene, ehrliche Antworten – vor allem gegenüber sich selbst – sind Ihnen bei Ihrem Kreativprojekt nützlich.

Konkret sein – aber nicht zu konkret

Die Suche nach der Frage und die Ausformulierung dieser Frage ist ebenso elementar wie die »Keine Kritik«-Forderung. Denn ohne die Festlegung eines Suchfeldes oder eines zumindest ungefähren Zielraums wird es schwierig, Gedanken aus einer allgemeinen und diffusen Denkwolke herauszubekommen. Aufgaben oder kreative Fragestellungen sollten immer konkret sein. Mit dem Ansatz »Ich will ein besseres Produkt machen« kommt man nicht weit. Das kreative Suchfeld ist viel zu groß und offen – zoomen Sie sich mit mindestens dreimal »warum« näher an das eigentliche Problem heran.

Ist man wiederum zu nahe dran, fehlt der kreative Spielraum für außergewöhnliche Lösungen. Leider gibt es hier noch kein Patentrezept, und mit jeder Single Minded Proposition für jede Kreativsession muss diese Balance neu gefunden werden.

Ein paar sehr verallgemeinerte Beispiele (und ohne Briefing) zur Verdeutlichung dieses Spagats:

Autoren: »Auf welche Art und Weise kann ich eine Geschichte verändern?«, ist zu allgemein – bitte mindestens noch zwei Mal, »Warum will ich das tun?«, herausquetschen.

Und auch die Frage »Welche Arten von Geschichten gibt es?« wird eine Antwort mit fiktionalen Lesetexten enthalten, denn der Begriff klammert nonfiktionale und andere literarische Formen indirekt aus.

Mehr als eine Single Minded Proposition

Jede Aufgabe kann von vielen Standpunkten und Richtungen betrachtet werden. Das gilt erst recht für divergente kreative Arbeiten. Stellt man also fest, dass die Herausforderung Raum für verschiedene Single Minded Propositions bietet, dann nutzen Sie dieses Potenzial unbedingt! Aber bitte einzeln und nacheinander in zwei oder mehr Kreativsessions.

Single Minded Proposition iterativ optimieren und verfeinern

Manchmal stellt man während der Kreativsession fest, dass die generierten Ideen den Kern der Sache verfehlen oder irgendwie nicht in die erhoffte Richtung gehen. Nicht selten ist dann die Single Minded Proposition schuld, weil sie leicht daneben, zu allgemein oder zu speziell formuliert war. Macht nichts, bis auf den Zeitverlust ist das nicht weiter tragisch. Dann formuliert man einfach neu. Häufig ist es hilfreich, Begriffe durch ihre Oberbegriffe oder Umschreibungen zu ersetzen. Denn jedes Wort hat eine bestimmte Bedeutung, und in der Ideation suchen wir auch nach Dingen, die rechts, links, davor, dahinter, oben und unten davon liegen.

> Wenn Du denkst, Du kannst nicht mehr, hast Du erst 40 Prozent deines Potentials ausgeschöpft.
>
> NAVY SEALS
> Durchsetzer

Do-it-yourself
Warum?
Warum?
Warum?
Warum?
Warum?
Was ist also das eigentliche Problem?

2.10 Kreativitätsmethoden und Kreativitätstechniken

Die einen sagen so, die anderen so – ist das nicht das Gleiche?

Unter den Namen Kreativitätsmethoden und Kreativitätstechniken wird im Allgemeinen alles zusammengefasst, was irgendwie Kreativität hervorbringen, steigern oder unterstützen soll. Aber es gibt einen Unterschied. Denn Methoden sind Vorgehensweisen, Arbeitsstile, Verfahren, während die Techniken verschiedene Denkweisen beschreiben.

Für unsere Differenzierung bedeutet das: Alles, was im Wesentlichen Arbeitsbedingungen oder Organisatorisches beschreibt – also ob man mündlich oder schriftlich kommuniziert, welche Hilfsmittel man nutzt und in welcher Gruppengröße man gegebenenfalls kollaboriert – ist eine Methode. Alles, was einen anregt, konkret anders über Dinge nachzudenken oder in Beziehung zueinander zu setzen, ist eine Technik.

Brainstorming: »miteinander sprechen« = Methode

Kombinieren: »Dinge miteinander kombinieren« = Technik

Brainwriting: »nimm ein Stück Papier und schreib's auf« = Methode

Umkehr»methode«: »Denke das Gegenteil« = Technik

Perspektivwechsel: »Stelle dir vor, du bist jemand/etwas anderes« = Technik

Morphologische Matrix: »Erstelle eine Tabelle« = Methode

Kurz: **Methoden sind Organisationsformen, und Techniken sind alternative Denkstrategien**. Man kann sie isoliert voneinander nutzen, aber nur zusammen spielen sie ihre sehr starken Synergieeffekte aus. Ein Brainstorming ohne alternative Denkstrategien bleibt deutlich unter seinen Möglichkeiten, und Denktechniken allein fehlt es an Systematik und Organisation, und dies wird nur punktuell neue Ideen bringen.

Die beiden Kapitel »Kreativmethoden« und »Kreativtechniken« beschreiben eine Reihe der, aus meiner Erfahrung, nützlichsten, schnellsten und produktivsten Methoden und Techniken für die Ideenentwicklung. Für die Ideation wählt man eine passende Methode aus und spielt und fabuliert darin mit verschiedenen Techniken herum.

2.11   Bewertung

Filterfragen

Zum Kreativprozess gehören auch Filterfragen. Das sind faktische Rahmenbedingungen, die unsere Idee am Ende erfüllen muss. Meistens werden sie auch schon in der Aufgabenstellung genannt, spätestens zur Bewertung sollten sie vollständig vorliegen. Denn auch die abgefahrenste Idee nützt nichts, wenn sie das eigentliche Ziel verfehlt, das Budget oder den Zeitrahmen überschreitet.

Die Idee sollte mit dem zur Verfügung stehenden finanziellen Budget realisierbar sein. Dem kann man dann nur noch mit der Frage »Wie muss man die Idee modifizieren, an welchen Stellschrauben kann ich drehen, um sie mit diesem Budget umzusetzen?« oder »Was muss ich tun, um das Budget zu erhöhen?« beikommen.

Ein weiterer wichtiger Faktor ist die zur Verfügung stehende Zeit: Was in vier Wochen fertig sein soll, kann nur mit erheblichem Aufwand einen Jahreszeitenzyklus enthalten. Ansonsten gelten auch hier die gleichen Anschlussfragen: »(Wie) kann ich die Idee modifizieren, um sie in der gesetzten Zeit umzusetzen?« beziehungsweise »Was muss ich tun, um die Frist zu verlängern?«.

> Wer zu spät an die Kosten denkt, ruiniert sein Unternehmen. Wer zu früh an die Kosten denkt, ruiniert die Kreativität.
>
> PHILIP ROSENTHAL
> Ökonom und Designer

Und schließlich gibt es, zumindest bei Auftragsarbeiten, fast immer formale Pflichtbestandteile. Das können bestimmte Komponenten, Zielgruppen, Materialien, Umfelder oder sonst etwas sein. Diese kann man erfahrungsgemäß nur mit einer extrem guten und intelligenten Idee umschiffen, zum Beispiel mit der Kreativtechnik Substitution (siehe Kapitel 5 »Kreativtechniken«).

Denn das Bessere ist der Feind des Guten.

Auswahlmethoden

Sind schließlich 100 Ideen zusammengetragen, steht man vor der Qual der Wahl: Welcher dieser Ansätze eignet sich wohl am besten für die Ausarbeitung? Je nachdem, ob Sie alleine oder im Team arbeiten, bieten sich verschiedene Auswahlmethoden an. Allen gemeinsam ist, dass man alle Ideen noch einmal kurz vorstellt.

Einzelentscheidung

Arbeiten Sie alleine oder sind Sie »der Chef«, entscheiden Sie allein, welcher Ansatz weiter verfolgt werden soll. Man geht die Liste (bitte erinnern: ein Protokoll führen) einfach von oben bis unten durch und streicht alle Ideen heraus, die einem nicht passen, die man nicht (mehr) versteht oder die einfach Bullshit sind. Das geht schnell, aber man übersieht möglicherweise auch Potenziale.

K.o.-Methode

Alle Ideen werden nacheinander vor- beziehungsweise durchgelesen und, falls nötig, kurz erläuternd in Erinnerung gerufen – per Handzeichen oder Zuruf werden sie gestrichen oder beibehalten. Dies reduziert den Ideenberg ebenfalls schnell von 100 auf 20. Wer das Potenzial einer einzelnen Idee anders einschätzt, darf ein Veto einlegen.

Punktevergabe

Alleine oder in der Gruppe kann man auch Punkte vergeben, wenn die Masse der Ideen auf ca. 20 eingedampft wurde. Entweder vergibt man an drei Ideen je 3, 2 und 1 Punkt wie Gold-, Silber- und Bronzemedaille. Oder man hat insgesamt 10 Punkte und verteilt sie komplett frei, zum Beispiel 5+2+1+1+1 oder 4+3+2+1 etc. Als Gruppe erzielt man damit schnell ein demokratisches Ergebnis, als Einzelbewerter können Sie Ideen differenzierter unterscheiden.

Scoring-Modell

Muss man sich schließlich zwischen fünf Ideen entscheiden, hilft das Scoring-Modell. Es eignet sich sowohl für Gruppen als auch für Einzeltäter und liefert ein sauber differenziertes und sachlich fundiertes Ergebnis. Außerdem lassen sich die Ergebnisse leicht objektiv nachvollziehen, es ist daher überaus nützlich bei der Argumentation gegenüber Auftraggebern. Das Scoring-Modell eignet sich ohnehin für alle möglichen Arten von Entscheidungsfindung: zum Beispiel wohin man in den Urlaub fahren möchte oder welches Hotel man dort buchen soll.

Dazu kristallisiert man zunächst eine Handvoll Bewertungskriterien heraus, die für die aktuelle Aufgabe von besonderer Bedeutung sind. Meist gehören die Filterfragen dazu, also zum Beispiel geringe Herstellungskosten und kurze Entwicklungszeit. Aber auch, ob ein bestimmter Aspekt (zum Beispiel Handhabbarkeit, Humor, schnelle Serienproduktion, Kompatibilität zu anderen Produkten ...) mit der Idee besonders gut getroffen werden kann oder gut getroffen worden ist. Immer dabei ist das Kriterium Kreativität mit den Ausprägungen Originalität/Einzigartigkeit, Aufmerksamkeitsstärke, Neuheitswert.

Anschließend legt man eine Rangfolge der Bedeutung der ca. 4 bis 7 Kriterien fest und vergibt Gewichtungsfaktoren. Das wichtigste Kriterium erhält mit 4 den höchs-

Attribut	Faktor	Idee A		Idee B		Idee C	
geringe Produktionskosten	1x	2	=2	1	=1	3	=3
schnell realisierbar	3x	2	=6	1	=3	3	=9
Humor	4x	4	=16	3	=12	4	=16
Originalität	2x	1	=2	4	=8	2	=4
			26		24		32

ten Gewichtungsfaktor, das am wenigsten wichtige den Faktor 1. Dazwischen können beliebige, ganzzahlige Werte vergeben werden. Gewichtungsfaktoren dürfen auch zweimal vergeben werden, wenn Kriterien gleich wichtig eingeschätzt werden.

Dann bereitet man eine Tabelle nach folgendem Muster vor und bewertet jede Idee einzeln hinsichtlich der ausgewählten Kriterien.

Am Ende werden die Punkte mit dem Gewichtungsfaktor multipliziert und für jede Idee einzeln aufaddiert. Die Idee mit den meisten Punkten wird Favorit.

Im Beispielprojekt habe ich vier Kriterien: Ein Produkt soll vor allem klein und handlich sein, was mit 4 hoch gewichtet wird. Außerdem soll sich das Projekt schnell realisieren lassen – Faktor 3 – und dabei einigermaßen originell sein – Gewichtung 2. Der Produktionspreis ist nicht so wichtig und bekommt daher den niedrigsten Faktor 1.

Drei Ideen A, B und C haben es in die Endrunde geschafft:

Idee A ist sehr handlich, lässt sich nur einigermaßen schnell realisieren und der finanzielle Aufwand hält sich im Rahmen. Leider ist sie nicht sehr originell. Die Einzelpunkte werden mit dem jeweiligen Faktor multipliziert und ergeben aufsummiert 26.

Idee B ist nicht ganz so handlich wie A, dafür aber sehr originell (4 Punkte). Sie ist teuer (nur 1 Punkt) und lässt sich auch nicht so schnell umsetzen. Summe 24.

Idee C ist sehr handlich, lässt sich schnell umsetzen und kostet relativ wenig, ist dafür aber nur so lala originell: Summe 32.

2.12   Ausarbeitung

Nach der Bewertung bleibt von einem Berg Ideen nur eine Handvoll übrig – ich rechne mit fünf Prozent. Hatte man also insgesamt nur zehn Roh-Ideen, bleibt jetzt eine halbe. Das klingt und ist schlicht zu wenig, bitte zurück in die Ideation.

In der Ausarbeitungsphase werden die Schwächen einzelner Ideen aufgedeckt und beseitigt. Die Ideen werden auf ihre Realisierungsmöglichkeiten hin abgeklopft, und falls sie mit den Filterfragen nicht ganz konform gehen, denkt man eben über kleine Abwandlungen oder Alternativen nach. Dabei sollte man stets in Möglichkeiten denken und sich immer die Frage stellen: »Was muss/kann ich verändern, um es doch noch so wie gedacht hinzukriegen?«

Wenn die ursprüngliche Idee beispielsweise einen Dalai-Lama vorsieht, dann muss es vielleicht auch nur ein Foto oder eine Skulptur von ihm, eine Gebetsmühle, eine tibetische Gebetsfahne, oder ein buddhistisches Weisheitsbüchlein sein. Dies ist die Phase der vielen kleinen Stellschrauben, der Verfeinerungen, der Pointierung: Was kann oder sollte ich verändern, um die Idee noch besser auf den Punkt zu bringen, um sie noch origineller, kreativer, effizienter, witziger, aggressiver, dynamischer, leckerer, spannender, extremer, meditativer, farbiger, günstiger oder deutlicher zu machen?

Pretotyping und Pretendotyping

Eine großartige Methode des vorläufigen Herumprobierens ist das sogenannte Pretotyping: Bauen oder entwerfen Sie sich etwas, das in Größe, Medium und Handhabbarkeit der angedachten Lösung entspricht und tun Sie anschließend so, als wären alle Funktionalitäten und Eigenschaften darin enthalten. Nun benutzen Sie es über ein paar Tage so, als würden Sie das fertige Produkt in Händen halten. Ein Handy würde zum Beispiel durch ein geschmeidiges Brettchen repräsentiert – Sie merken schnell, welche Eigenschaften über die gedanklich konstruierten hinaus von Bedeutung sind.

> Wenn dir etwas wichtig ist,
> wirst du einen Weg finden.
> Wenn dir etwas nicht wichtig ist,
> wirst du eine Ausrede finden.
>
> JIM ROHN
> Motivator

Aus drei bis fünf Roh-Ideen destilliert man so ein bis drei realisierungsgeeignete heraus. Dann muss man sich nur noch für eine entscheiden. Die anderen setzt man ein anderes Mal um. Die Welt ist schön.

Do-it-yourself

Welche Schwächen hat die Idee?

(Wie) kann ich die Schwächen beseitigen?

Lässt sie sich so realisieren?

Wenn nein, wie dann?

Wie wird die Idee noch spannender, extremer, deutlicher?

Welche Stellschrauben gibt es?

Bauen Sie sich einen Pretotype.

2.13   Realisation

Sie sind der Experte – nehmen Sie all Ihr Wissen und Ihre Technik, gehen Sie ins Labor, ins Technikum, in die Werkstatt, in Ihre Schreibstube, ins Baumhaus, in die Hängematte oder wo immer Sie arbeiten und probieren Sie aus. Schreiben, entwickeln, programmieren Sie, machen Sie Entwürfe, Experimente, bauen Sie Dummies und Prototypen. Nutzen Sie Kreativ-Netzwerke und den Austausch mit anderen für die Umsetzung Ihrer Ideen. Lassen Sie nicht locker, machen Sie Kompromisse nur dort, wo Sie in eine Sackgasse geraten würden.

Im Optimismus steckt eine gesunde Missachtung des Unmöglichen.

FREDERIK PFERDT
Google Innovation and Creativity Programs

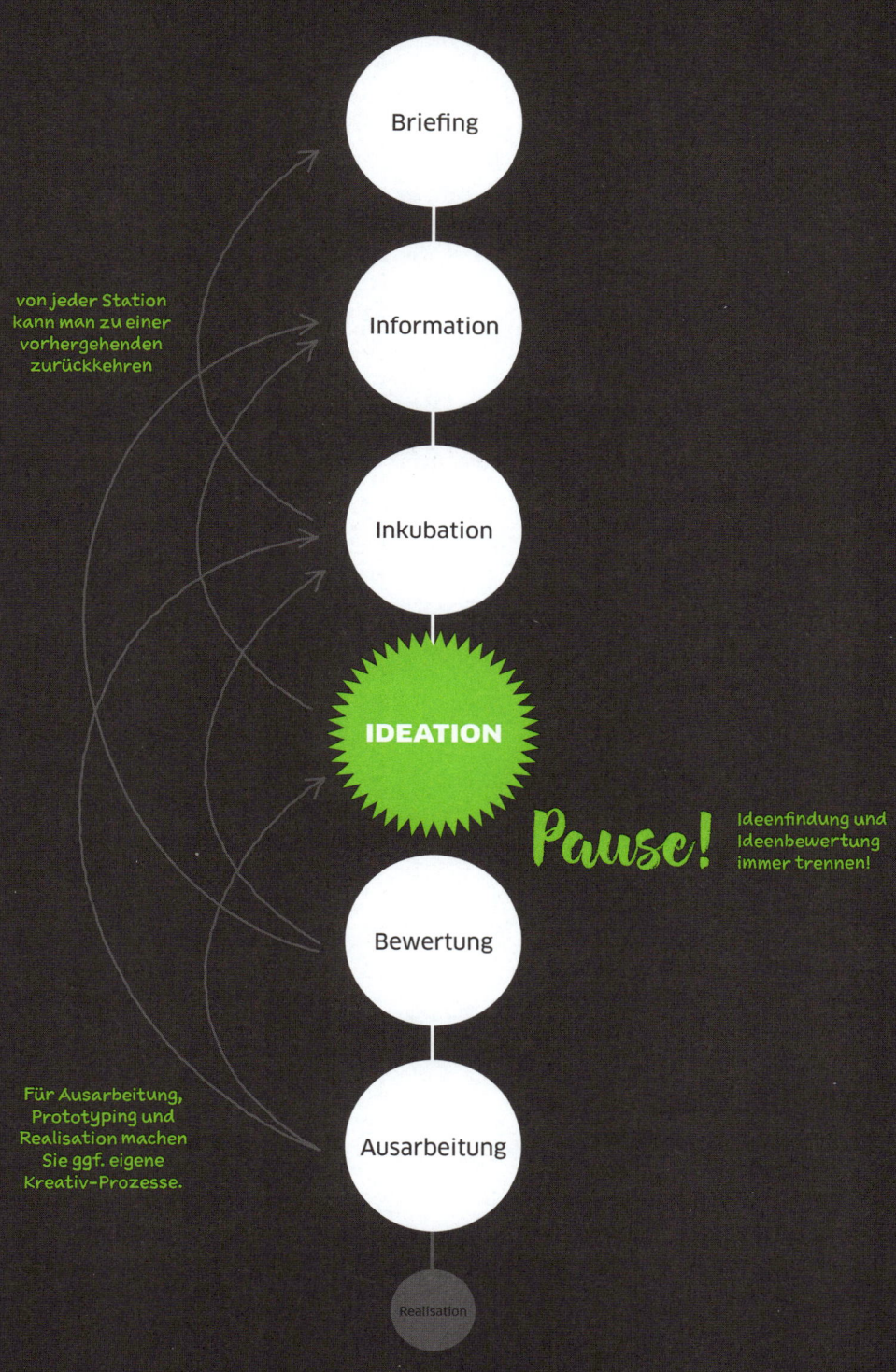

Briefing

Information

von jeder Station
kann man zu einer
vorhergehenden
zurückkehren

Inkubation

IDEATION

Pause!

Ideenfindung und
Ideenbewertung
immer trennen!

Bewertung

Für Ausarbeitung,
Prototyping und
Realisation machen
Sie ggf. eigene
Kreativ-Prozesse.

Ausarbeitung

Realisation

3   Ideenkiller

3.1   Kreativkiller – was Sie tun müssen, um jede Idee im Keim zu ersticken

… und was Sie dagegen unternehmen sollten.

Die allerallerwichtigste Spielregel für jeden Ideenfindungsprozess lautet:

Keine Kritik.

Die Ideenbewertung wird konsequent von der Ideenfindung getrennt. Zeitlich, räumlich, inhaltlich, personell, …, egal wie – Hauptsache immer! Verstehen Sie mich nicht falsch: Zu einem bestimmten Punkt im Kreativprozess wird jede Idee kritisch hinterfragt – jedoch **nie, während man noch nach ihr sucht**.

Ideen sind, wenn sie das Licht der Welt erblicken, ganz kleine, zarte Pflänzchen. Und so, wie ein Keimling erst seine winzige, grüne Spitze vorsichtig aus der dunklen Erde steckt und kaum jemand sagen kann, ob daraus mal eine Kokospalme oder ein Unkraut wird, so muss auch bei Ideen erst das Potenzial erkannt und entwickelt werden, bevor man sich für Düngen oder Jäten entscheidet. Da muss man großzügig sein, Raum und Mittel geben, in Möglichkeiten denken, zulassen und einfach offen sein. Auch und gerade für Ideen, die sich zunächst absurd, bizarr oder verrückt anhören mögen oder für Ideen, die roh, unfertig und daneben scheinen.

Gut zu wissen, dass fast nichts fix und fertig und erst recht nicht komplett zu Ende gedacht auf die Welt kommt. Wer das nicht akzeptieren kann und mit jeder Ideenäußerung einen durchkonstruierten Erfolgsplan erwartet, hat ein echtes Kreativ-Problem.

Daneben gibt es noch ein paar andere Kreativkiller, die man aber gut aus dem Weg räumen oder sich abgewöhnen kann.

3.2 Die Schere im Kopf

Da gibt's dieses Bild von der Schere im Kopf. Die hindert uns daran, unsere gewohnten Denkbahnen zu verlassen. Sie schneidet jede Inspiration und jeden Gedanken ab,
der nicht einer »Norm«alen Erwartung entspricht oder der nicht sofort DIE Lösung
beinhaltet. Die einfach immer alles ganz schnell ganz blöd und unrealistisch findet.
Doof. Die Schere schnappt bei jedem mehr oder weniger schnell zu. Trotzdem doof.

So eine Schere im Kopf haben ganz junge Menschen noch nicht. Aber ab einem ganz
bestimmten Tag, meist im August im Alter von sechs Jahren, bekommen sie auch
eine verpasst. Denn beginnend mit dem Tag der Einschulung wird ihnen beigebracht
was geht, was nicht geht, was man macht, was man nicht macht, wie etwas zu lösen
ist und vor allem: wie nicht. Sie werden auf konvergentes Denken konditioniert, das
immer einen bestimmten Lösungsweg vorgibt, der gefälligst einzuschlagen ist. Alternative Lösungswege und -methoden sind nicht gefragt oder gelten im Kontext sogar
als falsch. Und so verkümmert das divergente Denken, und schließlich ist da jemand,
der kann, was alle können, der es so tut, wie es alle tun, und der denkt, wie alle
denken. Geben Sie Grundschulkindern mal ein paar beliebige Objekte und lassen Sie
sie völlig frei drauf los konstruieren: Da entstehen die wildesten Erfindungen, völlig
losgelöst vom üblichen Verwendungszweck dieser Objekte. Und diese schöpferische
Unbefangenheit gilt es zurückzugewinnen.

Es gibt Menschen, die konnten sich dagegen wehren, die waren auch in der Schule
häufig der Underdog, oder welche, die beides miteinander verbinden konnten, die

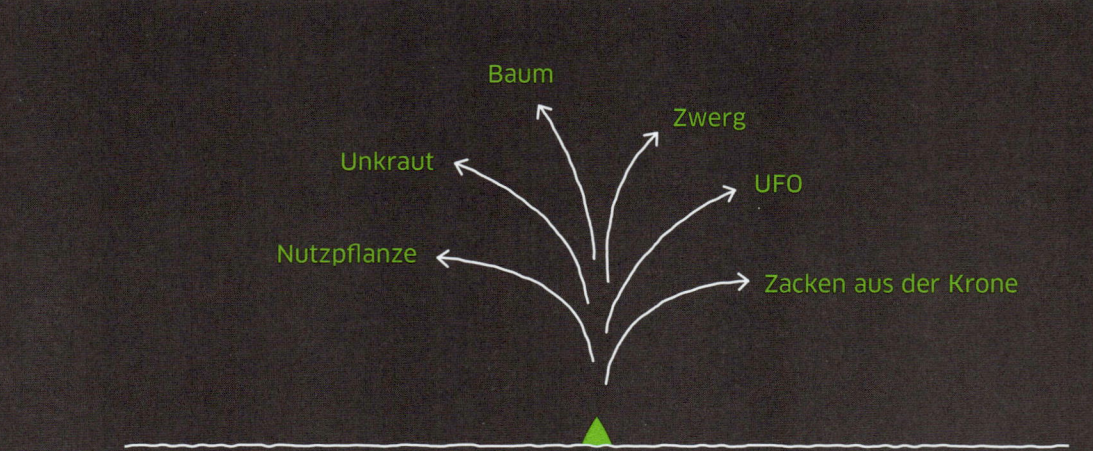

waren dann der Smart-Guy. Falls Sie nicht dazugehören: Keine Sorge – diese Schere können Sie sich auch jetzt noch wieder abtrainieren. Hängen Sie sich Plakate auf und stecken Sie eine Karte in die Hosentasche: »Alles ist erlaubt« und »Jede Idee zählt«. Aber es ist wie mit jedem Training: üben, üben, üben.

Rütteln Sie außerdem vor jeder Kreativsession Ihre Denkstrukturen mit einem surrealen Kreativ-Warm-up (siehe Kapitel 1.9 Warm-ups) auf.

3.3 Zeitdruck

Ob Zeitdruck ein Kreativitätskiller ist, hängt von Ihrer Persönlichkeit ab. Für einige ist zeitlicher Druck genau der Anschub, den sie – vielleicht auch in anderen Lebenslagen – brauchen, um überhaupt irgendetwas zu einem bestimmten Zeitpunkt fertigzubringen. Andere versetzt ein knappes Timing in phlegmatische Panik, die kriegen dann leider gar nichts mehr hin. Und dann gibt's ja auch noch die Pragmatischen: Plan machen, Ärmel hochkrempeln und einfach anfangen.

Hier muss sich jeder selbst (er)kennen und eine Aufgabe aus genannten Gründen annehmen oder doch lieber ablehnen. Im letzteren Fall empfehle ich, dieses Buch komplett durchzuarbeiten und dann noch mal darüber nachzudenken.

Wenn Sie die Idee schon vor der Auftragsvergabe hatten und Sie Ihren Kunden damit überhaupt erst ins Boot geholt haben: Gut – Sie sparen die Ideenfindungsphase, jetzt geht's an die konkrete Umsetzung, und auch da können oder dürfen Sie doch sicher auch noch mal kreativ werden?

Wer nur eine vage Vorstellung hat, macht sich mit einer Kreativmethode an die strukturierte Auswertung und entwickelt die losen Gedanken weiter.

Und wer noch gar nichts hat? Positiv gesehen: Der/die hat noch alle Möglichkeiten offen. Dafür gibt's eine ganze Reihe systematischer und intuitiver Kreativmethoden und -techniken. Mit deren Hilfe erweitern Sie Ihr Such- und Zielfeld enorm und werden mit etwas Übung quasi » auf Knopfdruck kreativ «. Für genau diese, aber auch alle anderen, Situationen gibt's dieses Buch.

Mit dem Wissen um systematisch befruchtete Kreativität und dem Vertrauen darauf, dass es eine Lösung gibt – man muss sie nur finden –, bekommt man so etwas wie kreative Zuversicht – »Creative Confidence«. Das ist ein wirklich gutes Mittel gegen Stress und sonst vielleicht lähmenden Zeitdruck.

Auch anders herum betrachtet kann ein gesetzter zeitlicher Rahmen anregend sein: Haben Sie alle Zeit der Welt, gibt es keine Notwendigkeit eine Idee oder Lösung zu Ende zu entwickeln. Wie lange wollen Sie auf eine Lösung warten ... bis sie jemand anderes gefunden hat?

Zusammenfassend: Sie müssen sich vor Zeitdruck nicht fürchten. Es gibt Mittel, Wege und Gründe, auch mit einem sehr engen Zeitrahmen tolle Ideen zu haben und umzusetzen.

3.4 Komfortzone

Ein echtes Hemmnis auf dem Weg zu außergewöhnlichen Ideen ist auch die Komfortzone. Das ist der Bereich, in dem man sich sicher und wohl fühlt, in dem man sich komfortabel eingerichtet hat, der bequem und vertraut ist, und der nur an den Grenzen Widerstände bietet. Dazu gehören beruhigende persönliche Rituale und Standards, die Komfortzone ist allerdings auch die Rückzugszone aus allen möglichen Stresssituationen. Für viele Bereiche im Leben ist das total okay und gesund – aber kreative Ideenfindung gehört ganz sicher nicht dazu. Im Gegenteil: Um besondere kreative Leistungen zu bringen, müssen Sie raus aus dieser Komfortzone und rein ins Unbekannte! Das kann alles Mögliche sein: die Reise in ein Land, dessen Sprache man nicht spricht, die Erarbeitung eines völlig neuen Fachgebiets, ein völlig neues Werkzeug, der Wechsel von Windows auf Mac (oder umgekehrt), Dinge essen, die man bislang als – gelinde gesagt – unlecker empfand usw. Für einige ist das aber auch schon das Sonntagsfrühstücks-Brötchen von einem »anderen« Bäcker. Wer das nicht ausprobiert, wird nie erfahren, ob die Brötchen vom »falschen« Bäcker nicht vielleicht noch leckerer sind.

> Wenn man nur einen Hammer als Werkzeug hat, sieht jedes Problem wie ein Nagel aus.
>
> PAUL WATZLAWICK
> Kommunikationswissenschaftler

In der aktiven Auseinandersetzung mit dem Fremden, Unbekannten, Neuen findet man Inspiration, Impulse, neue Perspektiven und Sichtweisen, aber vor allem: geistige und kreative Flexibilität und Handlungsfähigkeit.

und hier ist
die Magie

Das ist ihre **KOMFORTZONE**

RAUS
AUS DER
KOMFORT ZONE

Jedes Verlassen der Komfortzone bedeutet zwar auch Risiko (immer relativ) und Unsicherheit, aber mit jedem Ausbruch verschieben sich auch die Grenzen ein wenig, und die persönliche Komfortzone wird ein bisschen größer. Stößt man hingegen nie an seine Grenzen oder überwindet sie, schrumpft die Komfortzone kontinuierlich und ist am Ende nur noch ein einsamer jämmerlicher Fleck namens Standpunkt.

3.5 Fixierungen

Mit unserem Autopiloten im Kopf steuern wir sicher durch Alltagssituationen. Das ist effektiv, Denkenergie sparend und nützlich. Allerdings führt der Autopilot eben auch dazu, dass wir Dinge nicht hinterfragen, sondern auf deren übliche, eben normale Funktionen, Eigenschaften und Verwendungsziele eingefahren und geradezu fixiert sind.

Funktionale Fixierung hält uns davon ab, eine Vase als Trinkgefäß anzusehen. Designfixierung sorgt dafür, dass Fahrräder immer zwei gleiche Reifen haben – sie dreht allen alternativen Formen und Produkteigenschaften die Luft ab. Und Zielfixierung beschränkt uns vor allem auf sprachlicher Ebene: Wer »kleben« sagt, übersieht Lösungen, die schrauben, nieten, klemmen, löten, tackern, schweißen, nageln, ...

Glücklicherweise lassen sie sich einigermaßen leicht überwinden. »Brainswarming« funktioniert hauptsächlich durch die gezielte Umgehung dieser Fixierungen – lesen Sie in Kapitel 4.11, wie das geht.

3.6 Killerphrasen

Eine Idee zu killen, ist das Einfachste der Welt – jeder beliebige Einwand passt. Immer! Es gibt Traditions-, Kompetenz-, Hierarchie-, Ressourcen-, Zuständigkeits-, detailbasierte und persönliche Killerphrasen. Killerphrasen **gehören absolut in den Giftschrank des Kreativprozesses**. Das Schlimmste, was während der Ideenfindungsphase passieren kann, ist, wenn Ideen gleich bewertet werden. Denn jegliche Kritik kann, wenn zu früh geäußert, den gesamten Kreativprozess scheitern lassen. Wer dabei auch nur eine kritische Bemerkung zulässt, bringt sich und ggf. das ganze Team aus dem kreativ-produktiven Flow und verhindert damit wertvolle Impulse.

Mal abgesehen davon sind Killerphrasen oft nur eine unsachliche Meinung, häufig argumentativ extrem kurzsichtig und manchmal sogar persönlich beleidigend.

Und es gibt auch nur einen Weg, um die kontraproduktive Wirkung von Killerphrasen zu vermeiden: absolutes Killerphrasen-Verbot. Keine Ausnahmen, keine Sonderrechte, für nichts und niemanden. Punkt.

Wer diese einfachste und wichtigste aller Kreativregeln wiederholt nicht befolgt, wird aus der aktuellen Kreativsession ausgeschlossen. Und das meine ich tatsächlich so. Killerphrasendrescher werden erst mit einer gelben Karte angezählt und beim zweiten Mal innerhalb der gleichen Session mit der roten Karte verabschiedet.

> Ich hatte schon Halluzinationen, die besser waren.
>
> ROBERTO
> Roboter, Futurama

Anstatt einen Einwand mit »aber ...« zu beginnen, sagt man »und ...« und ergänzt, variiert, modifiziert somit die Idee, anstatt sie verbal gleich einzustampfen.

Beliebte Killerphrasen

Hier ein paar der beliebtesten Totschlagphrasen – und wie man ihnen begegnen könnte:

Das haben wir noch nie so gemacht. – Dann wird es höchste Zeit.

Das haben wir schon immer so gemacht. – Und gerade deswegen sind wir jetzt hier.

Finde ich nicht gut. – Wo hast du das gefunden?

Das wird nichts. – Stimmt, wenn einem schon jetzt Knüppel zwischen die Beine geworfen werden.

Das dauert zu lange. – Dann machen wir es kurz.

Dafür haben wir nicht die Ressourcen. – Wofür haben wir dann Ressourcen?

Das überfordert den Kunden. – Weil es Sie auch schon überfordert?

Das wirft mehr Fragen auf, als es beantwortet. – Dann sollten wir uns diese Frage zuerst beantworten.

Das macht der Mitbewerber schon. – Ja, und nicht mal halb so sorgfältig/modern/robust/stylish/cool/lecker/frisch wie wir.

Das hatten wir schon. – Auch in dieser Qualität, Geschwindigkeit, Funktionalität, Kompatibilität?

Das ist zu teuer. – Wie können wir es günstiger machen?

Das ist billig. – Dann gibt's noch ein Pfund Gold dazu.

Das ist nicht machbar. – Wie wäre es machbar?

Das kriegen wir in der Zeit nicht hin. – Wie oder was kriegen wir es in der Zeit hin?

Kacke! – Ist das geil!

Ich brauche mehr Details. – Um die kümmern wir uns in der Ausarbeitung.

Details interessieren mich nicht. – Prima, dann können wir machen, was wir wollen?

Als intelligenter Mensch müssten Sie doch wissen, dass es so nicht geht. – Sagte die Hummel und flog doch.

Machen Sie ein Brainstorming, bei dem jede geäußerte Idee sofort bewertet wird.

Machen Sie ein Brainstorming, bei dem die Ideen erst am Ende bewertet werden.

Vergleichen Sie Qualität und Quantität der Ergebnisse.

Üben Sie einen ganzen Tag lang keine Kritik – an nichts und niemanden.

Versuchen Sie, in allem das Positive zu entdecken: Zu was inspiriert Sie der Kaffeefleck auf dem Hemd?

Jedes Negative hat auch etwas Positives – was ist es?

Welche Vorteile haben Nachteile?

Wie werden aus Risiken Chancen?

Kann eine Schwäche auch eine Stärke sein – was muss man verändern?

Verwenden Sie »und« statt »aber«.

KREATIVE ANARCHIE

ALLES IST ERLAUBT

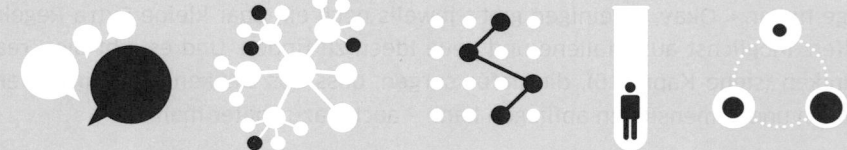

4 Kreativmethoden

Jeder kennt Kreativmethoden, hat von ihnen gehört oder sie bereits ausprobiert. Brainstorming zum Beispiel ist so eine – kennt jeder, weiß jeder, macht jeder. Meist jedoch mit suboptimalem Erfolg und so gut wie immer ganz ohne Spielregeln. Regeln?, fragen Sie sich, was suchen Regeln in einem Spiel ohne Regeln? Nicht ganz richtig, denn wer systematisch neue Ideen entwickeln will, muss die Systematik kennen – und die hat tatsächlich ein paar sinnvolle Regeln. Wer nur gelegentlich und zufällig kreativ sein will, muss dazu nicht mal joggen gehen.

Zum Glück sind die Spielregeln für die einzelnen Methoden schnell erklärt, und einleuchtend sind sie obendrein. Denn Kreativmethoden beschreiben im Wesentlichen nur die Organisationsform des jeweiligen Denkprozesses. Sie sind zum Beispiel beim Brainstorming: »Sprich mit einer oder mehreren Personen über dieses Thema.« Beim Mindmapping: »Nimm ein Blatt Papier und fange in der Mitte zu schreiben oder zeichnen an.« Und für die morphologische Matrix: »Zeichne eine Tabelle und schreibe Dinge hinein.« Okay, zu einigen gibt's jeweils noch ein paar kleine Extra-Regeln, die helfen, möglichst ausgefallene und neue Ideen zu finden. Und es gibt die Kreativtechniken (siehe Kapitel 5), die dafür sorgen, dass das Denken in völlig andere Richtungen und Dimensionen abfliegen kann – auch dazu später mehr.

Manche Kreativmethoden sind besonders gut für eine, zwei oder mehrere Personen oder auch Gruppen geeignet, andere beanspruchen wenig, mittel oder viel Zeit, dann gibt es welche mit geringem oder hohem Vorbereitungsaufwand, welche, für die man Hilfsmittel und Material benötigt, und solche, für die man einfach nur seinen Kopf mitbringen muss. Also: Für jeden Typ und jede Situation ist etwas dabei.

Um herauszufinden, welche Methoden gut zu Ihrem eigenen Arbeitsstil, zu dem des Teams, in die Arbeitsprozesse des Unternehmens oder zu bestimmten Fragestellungen passen, sollten Sie alle mal ausprobiert haben, wozu ich ausdrücklich auffordere.

Erfolgreiche Ideation setzt eine gute Informationsbasis voraus. Bevor Sie also mit einem Team in die Ideenfindung starten, sorgen Sie für ein ausreichendes Briefing der Teilnehmer. Das kann, je nach Anspruch der Aufgabenstellung, sehr kurz sein und nur ein paar Minuten dauern oder mehrere Tage Recherche und Aufschlauen erfordern.

Und: Ohne klare Aufgabenstellung werden Sie im Meer des Ungefähren herumdümpeln und keine zufriedenstellende Lösung finden. Formulieren Sie daher – vorab oder gemeinsam mit dem Team – unbedingt ihre Single Minded Proposition (siehe Kapitel 2.9) für das zu lösende Problem.

Zu allen vorgestellten Methoden gebe ich jeweils einen kleinen Steckbrief, der die geeignete Teilnehmerzahl, den Vorbereitungsaufwand, benötigte Materialien, Zeitbedarf, sowie wesentliche Vor- und Nachteile auf einen Blick zusammenfasst.

- 👫 Teilnehmerzahl:
- 🕐 Zeitbedarf:
- 📄 Material:
- ➕ Vorteil:
- ➖ Nachteil:

Kreativmethoden: Organisation

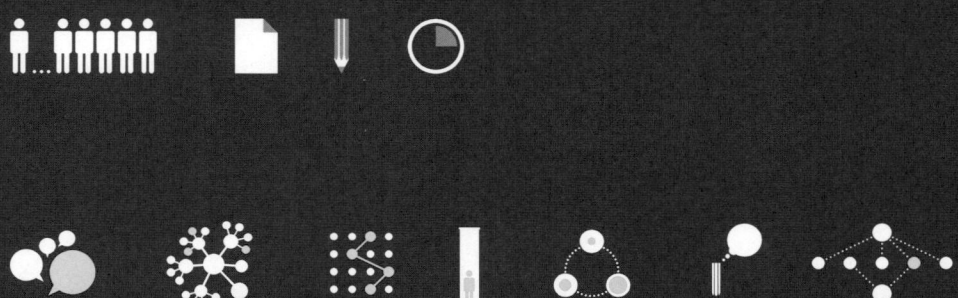

Kreativtechniken: Anders denken

4.1 Brainstorming – aber richtig!

Teilnehmerzahl: 1 bis 5

Zeitbedarf: 10 bis 60 Minuten

Material: evtl. Bleistift & Papier

Vorteil: geht schnell, kaum Vorbereitung nötig

Nachteil: alle müssen die Spielregeln kennen, Introvertierte trauen sich oft nicht richtig

Brainstorming ist die Kreativmethode der zwei Superlativen: Sie ist nicht nur die bekannteste »Kreativtechnik« überhaupt, sondern auch die am häufigsten falsch durchgeführte. Denn das, was die meisten für Brainstorming halten, ist fast immer lediglich eine Diskussionsrunde, in der jede geäußerte Idee sofort bewertet, zerredet und wieder in den Boden gestampft wird. Aber Ideen sind bei ihrer Geburt empfindliche zarte Pflänzchen, von denen niemand sagen kann, ob daraus eine grandiose Welthungerhilfe, eine hübsches Blümchen für die Fensterbank oder ein Unkraut wird.

Spielregeln

Wir geben uns einen klaren Zeitrahmen, der für die Aufgabe angemessen sein sollte. Für Kleinigkeiten reichen manchmal schon zehn Minuten, für schwierige und komplexe Herausforderungen kann man mehrere Sessions von je gut einer Stunde einplanen. Meine Erfahrung: Nach spätestens 90 Minuten intensiven Brainstormings lässt die Konzentration nach. Dann legen Sie eine Pause ein und treffen sich wieder, sobald der Inspirations- und Energiespeicher neu gefüllt wurde – das kann am Nachmittag desselben Tages sein, am nächsten Tag oder auch erst in der nächsten Woche. Lassen Sie nicht zu viel Zeit verstreichen, denn dann ist das Briefing in den Köpfen nicht mehr präsent.

Damit am Ende keine interessante Inspiration verlorengeht, werden alle geäußerten Ideen stichwortartig protokolliert oder skizziert. Das Protokoll kann auch eine Audioaufnahme der Session sein, die anschließend in die leichter überschaubare Schriftform gebracht wird. Klingt administrativ, ist aber wichtig. Langweilige Ideen und solche ohne Potenzial werden später herausgestrichen – aber eben erst später, bei der Ideenbewertung.

Das Setting: Wir sitzen oder stehen allein, zu zweit oder in kleiner Runde bis zu fünf Personen. Ein Tisch ist nicht unbedingt erforderlich, etwas zum Schreiben und Skizzieren aber nützlich. Die SMP (Single Minded Proposition oder die kreative Fragestellung – jetzt unbedingt nachlesen, falls noch nicht geschehen: siehe Seite 86) wird dem Team mitgeteilt oder gemeinsam formuliert. Und dann geht's los: Ideen und Ansätze werden laut genannt. Jeder Gedanke zählt, jeder Gedanke kann und soll von den anderen Teilnehmern aufgegriffen und weitergeführt werden – das ist das Brainstormen beim Brainstorming.

> Wenn Du redest, wiederholst Du nur, was Du schon weißt.
> Aber wenn Du zuhörst, lernst Du vielleicht etwas Neues.
>
> TENDZIN GYATSHO
> Dalai Lama

Während des Brainstormings wird absolut keine Kritik geäußert, weder an eigenen Ideen und schon gar nicht an denen der anderen. Die vereinbarte Zeit wird voll ausgenutzt, und wir quetschen bis zum vereinbarten Schluss noch Ideen und Anregungen aus uns heraus.

Wir hören nicht auf, wenn jemand glaubt, DIE Lösung oder die beste aller Ideen zu haben. Und auch, wenn alle Teilnehmer dieser Meinung sind – vielleicht entwickelt sich daraus noch die beste Idee aller Zeiten, wer weiß?

Spinnen

Alle Ideen sind wertvoll – je phantastischer und verrückter, desto besser, je übertriebener, desto höher der kreative Impuls für die anderen Teilnehmer. Steigern Sie sich hinein und scheuen Sie nicht das Absurde, das scheinbar Unmögliche, das Unrealistische, das Lächerliche, das Tabu, das Überzogene, das Überspitzte, das Drama zu denken und auszusprechen. Freuen Sie sich über Schnapsideen und Luftschlösser, suchen Sie Hirngespinste – **spinnen Sie**!

Flow

Der eigentliche Trick beim Brainstormen besteht darin, in einen produktiv-kreativen Flow zu kommen, wie in einem bierselig angeregten Partygespräch. Dabei entstehen mit Ausgelassenheit, Humor und einer Portion Enthemmung auch verrückte Ideen. Und im besten Fall fängt man bald an, sich gegenseitig aufzuschaukeln, anzustacheln, zu übertreiben, zu spinnen und schließlich total aus dem Rahmen zu fallen. Bestens – genau auf so einem schäumenden Gedankenfluss wollen wir raften.

Keine Killerphrasen

Am wichtigsten ist, diesen Flow niemals zu unterbrechen. Schon gar nicht mit Killerphrasen: »Das ist zu teuer«, »Das macht der Mitbewerber schon«, »Das hatten wir im letzten Jahr«, »Da wird uns die (beliebiger Name-) Behörde aufs Dach steigen.«

Das mag ja alles auch tatsächlich zutreffen – in der Phase des Brainstormens spielt das jedoch überhaupt keine Rolle.

Die Erfahrung aus unzähligen Workshops mit ungeübten Brainstormern zeigt leider, dass viele sich schwertun, die innere Kritikschere des real Machbaren aus dem Denken herauszuhalten. Dieser Schritt muss aber gelingen. Als kleine Motivationshilfe haben wir dazu gelbe und rote Karten eingeführt, die notorischen Nörglern gezeigt werden.

Killerphrasen demotivieren die Teilnehmer und bringen damit jeden Ideenfluss zum Versiegen – sie sind **natural born Creativity-Killers**.

Variante: Ideen-Ping-Pong

Eine meiner persönlichen Favoriten ist das Ideen-Ping-Pong zu zweit. Man klärt das Thema, und schon geht's los: Die erste Äußerung ist quasi der Startschuss, und man redet abwechselnd einfach drauflos. Ein Wort gibt das andere – die Äußerung des einen ist stets Inspiration für den anderen.

Ideen-Ping-Pong ist ein sehr schnelles Verfahren für eingespielte Teams oder Partner.

Pro, Contra, Tipps

Vorteile

Brainstorming ist eine sehr schnelle und leicht durchzuführende Methode.

Nachteile

Alle Teilnehmer müssen die Basis-Regeln kennen und beherzigen – ansonsten wird's doch nur eine typische Diskussion mit wesentlich geringerem kreativen Output.

Praktische Hinweise

Spielregeln, vor allem bzgl. Killerphrasen, unbedingt allen Beteiligten vorher bekannt geben und auf strikte Einhaltung achten.

Superschnelle Inspiration: Ideen-Ping-Pong

4.2 Brainwriting

Brainwriting funktioniert im Prinzip wie Brainstorming: Die Ideen der anderen werden als Inspiration genutzt – allerdings wird geschrieben statt gesprochen.

Das hat diverse Vorteile: Die Gruppe kann größer sein, weil es kein Gedrängel bei den Wortmeldungen gibt. Zudem müssen zum Beispiel zurückhaltende oder introvertierte Teilnehmer nicht auf eine Redepause warten, die lang genug ist, um sie aus der Reserve zu locken. Und langsamere Teilnehmer haben genau die Zeit, die sie brauchen, eine Inspiration wirken zu lassen, darüber nachzudenken und schließlich einen eigenen Gedanken daraus zu generieren und zu formulieren.

Außerdem werden alle Äußerungen gleich schriftlich niedergelegt, was eine gesonderte Protokollierung erübrigt – sofern leserlich geschrieben wurde. Ansonsten gelten dieselben Spielregeln wie beim Brainstorming.

Beim Brainwriting nutze ich im Wesentlichen zwei Varianten: die klassische, rundenbasierte 6-3-5-Methode und den Brainwriting-Pool. Beide haben Vor- und Nachteile, was insbesondere die Gruppenzusammensetzung und den kreativen Output angeht.

Spielregeln 6-3-5

Der Name dieser Methode leitet sich von ihren Basis-Regeln ab: 6 Teilnehmer schreiben jeweils 3 Ideen auf, die anschließend von den übrigen 5 Teilnehmern in 5 Runden entsprechend 5-mal weiterentwickelt werden. Wären es nur 5 Teilnehmer, hieße die Methode 5-3-4, mit 7 Teilnehmern 7-3-6 usw.

Und so geht's:

1. Runde: Jeder Teilnehmer erhält drei Blatt Papier, auf die jeweils eine eigene Idee zur aktuellen kreativen Fragestellung stichwortartig notiert wird, die Ursprungsidee.

Nach ca. 5 Minuten (so lange dauert eine Runde, aber schauen Sie mal, wann die meisten Köpfe wieder hochkommen) werden alle drei Bögen im Uhrzeigersinn an den nächsten Sitznachbarn weitergegeben.

2.-5. Runde: Jeder Teilnehmer hat nun wieder 5 Minuten Zeit, sich zu jeder der drei Ideen, die er von einem anderen Teilnehmer bekommen hat, eine eigene Erweiterung, Ergänzung, Verfeinerung, Variante, Gegenteil oder Ausschmückung auszudenken und aufzuschreiben. Eine Grundregel lautet hier, dass man fokussiert und ausdauernd bei der Ausarbeitung und Weiterentwicklung der Ursprungsidee bleibt und keine ganz neue, eigene hinzudichtet – die man sich natürlich trotzdem notieren sollte.

Mit jeder Runde wird die Liste der Ergänzungen und Ausschmückungen länger und hoffentlich abstruser, und man darf sich mit seinem Beitrag auf jede der vorhergehenden Ergänzungen beziehen – nicht nur auf die Ursprungsidee oder den letzten Eintrag.

Diesen Vorgang wiederholt man, bis jeder Teilnehmer seine ersten drei Ideen-Bögen wieder vor sich liegen hat. Zum Ende, bzw. mit jeder Runde, kann man gern etwas mehr Zeit geben, denn man muss erst einmal alles lesen, was bereits geschrieben wurde.

Schließlich haben sich aus den ursprünglich 18 Einzelideen (wenn es sechs Teilnehmer sind) genauso viele Mini-Konzepte entwickelt.

1 Meine erste Basis-Idee

2 Meine zweite Basis-Idee

3 Meine dritte Basis-Idee

6 Teilnehmer
schreiben je 3 Ideen auf

1 Meine erste Basis-Idee
Erweiterung vom nächsten
Teilnehmer

1 Erste Basis-Idee
meine Ergänzung dazu

-Idee
ng

2 Zweite Basis-Idee
mein konstruktiver Senf

Idee

3 Dritte Basis-Idee
meine Interpretation

5 x weitergeben

1 Meine erste Basis-Idee
erste Erweiterung
Ergänzung vom Dritten
spannendes Detail dazu
noch eine Idee vom Fünften
und jetzt vom Sechsten

2 Meine zweite Basis-Idee
noch eine Erweiterung
lustige Ausschmückung
noch eine Ausschmückung
Inspiration
Spezial-Detail

3 Meine dritte Basis-Idee
die Fortführung
eine Ergänzung
eine Ausschmückung
neuer Impuls dazu
eine besondere Anwendung

= 18 Grundideen
mit 90 Impulsen

Pro, Contra, Tipps

Vorteile von 6-3-5

Diese Methode eignet sich für größere, heterogene Gruppen. Hier können das Alpha-Tier und der Introvertierte, der Kunde und der Auftragnehmer, Anfänger und Erfahrene gleichberechtigt und gemeinsam an einer Kreation arbeiten, was häufig ein wichtiger Bestandteil des Lösungsfindungsprozesses ist: Jeder ist involviert.

Sich intensiv, ausschließlich und ausdauernd (na ja, sofern man 5 Minuten als Ausdauer bezeichnen kann) mit der Ausarbeitung einer Idee zu beschäftigen, findet im Alltag häufig nicht statt – hier können daher interessante Lösungen entstehen.

Nachteile von 6-3-5

Passivere Gruppenmitglieder können sich anfangs zwar durch die Forderung nach drei Ursprungsideen zuweilen unter Druck gesetzt fühlen, sind dann aber im fortschreitenden Verlauf meist fleißige Kreateure. Andererseits: Sehr aktive Teilnehmer fühlen sich durch »nur« drei Ursprungsideen klar unterfordert und lassen es auch jeden wissen – da geht mehr.

Die von den Teilnehmern generierten Ursprungsideen überschneiden sich natürlich hin und wieder – sie entwickeln sich aber fast immer in unterschiedliche Richtungen oder mit verschiedenen Schwerpunkten.

Und schließlich: Eine lahme Ursprungsidee ist natürlich längst nicht so inspirierend und anfeuernd wie ein kreativ spannender Zündfunke – aber dafür gibt's ja die Kreativtechniken (siehe Kapitel 5 »Kreativtechniken«).

Prinzip Brainwriting-Pool

Spielregeln Brainwriting-Pool

Zum Brainwriting-Pool braucht man deutlich mehr Papier als bei 6-3-5. Denn jede einzelne Ursprungsidee wird auf einem separaten Stück Papier festgehalten. Es gibt keine Runden, und jeder Teilnehmer kreiert in seiner eigenen Geschwindigkeit.

Und so geht's:

Die Teilnehmer sitzen am Tisch, auf dessen Mitte ein großer Vorrat weißen Papiers liegt. Nach Briefing und Aufgabenstellung geht's los: Jeder Teilnehmer schreibt jede einzelne seiner Inspirationen und Ideen stichwortartig oder gegebenenfalls mit kleiner Skizze auf ein eigenes Blatt. Das wird hinten noch mit den Initialen oder einem kleinen Zeichen beschriftet und anschließend in die Mitte des Tisches – den Pool – gelegt. Nächstes Blatt, nächste Idee, Initialen auf die Rückseite, in den Pool und so weiter.

Die ersten 10 Minuten vergehen meist mit geschäftigem Schreiben, aber dann beginnen die ersten Blicke zu wandern – das ist der richtige Zeitpunkt zur Eröffnung des Pools. Denn wem gerade nichts mehr einfällt, nimmt sich eine Idee aus dem Pool, ergänzt diese oder lässt sich davon zu einer eigenen neuen Idee inspirieren, die natürlich auf einem separaten Blatt notiert wird. Dann wieder Initialen hinten drauf schreiben – damit man weiß, welche man schon hatte – und einen neuen Ideenzettel ziehen.

Der größte Nutzen des Brainwriting-Pools ist die gegenseitige Inspiration. In jeder Notiz jedes einzelnen Teilnehmers steckt Potential, um in den Köpfen der anderen neue, abwegigere, verrücktere, übertriebenere Gedanken und Ideen auszulösen.

Beim Brainwriting-Pool vergeht die Zeit wie im Flug, also den Timer nicht vergessen (oder gerade doch?).

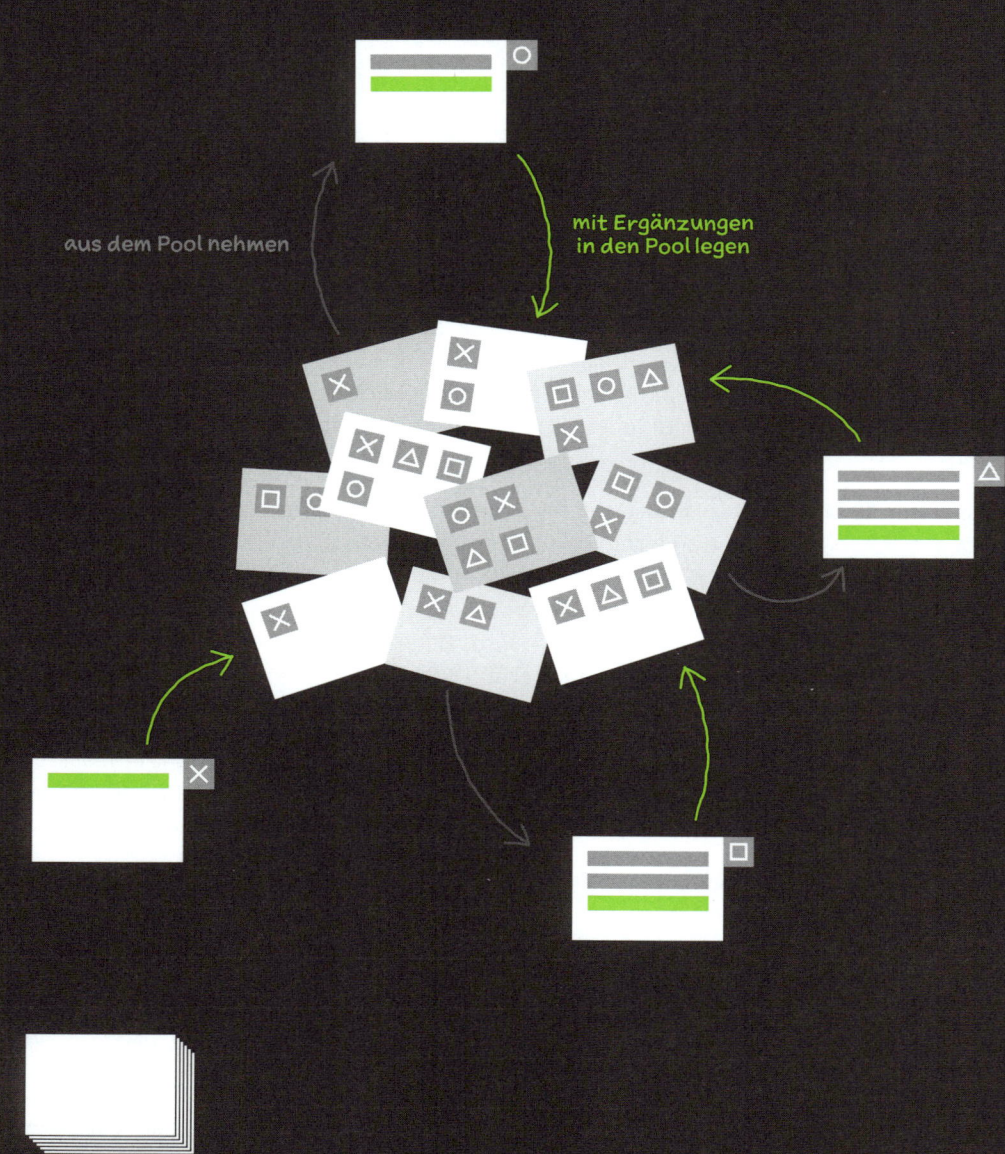

aus dem Pool nehmen

mit Ergänzungen
in den Pool legen

Pro, Contra, Tipps

Vorteile

Jeder kann sich mit seinem eigenen Kreativtempo beteiligen und fühlt sich daher weder unter- noch überfordert, und häufig kommt man in einen richtigen Flow-Zustand. Es entstehen daher deutlich mehr und vielfältigere Lösungsansätze als bei 6-3-5.

Nachteile

Durch die individuelle Zeiteinteilung kann die gewollt intensive, schöpferisch fruchtbare Auseinandersetzung mit einer einzelnen Idee entfallen, wenn Sie nicht lang genug dranbleiben.

Praktische Hinweise

Bei größeren Gruppen und/oder mehreren Tischen kann man auch mehrere Ideenpools anlegen und untereinander mischen – abwechslungsreicher ist die »Bees & Flower-Variante«: Die Teilnehmer wechseln selbstständig zwischen den Tischen und/oder Pools.

Blanko-Ideenzettel liegen in einem Karton, damit sie sich nicht mit dem Pool mischen. Ich benutze hier gern das A5-Format, weil es handlich ist und man sich kürzer fasst.

Teilnehmerzahl: 1 bis 5 je Mindmap

Zeitbedarf: 20 bis 60 Minuten

Material: Stifte, großes Blatt Papier oder Software beziehungsweise App

Vorteil: geht schnell, auch Gruppen möglich, eignet sich für Einpinn... wieder verwendbar

Nachteil: mir fällt nichts ein, ich bin ein Fan

Mindmapping ist nach Brainstorming die wohl zweitbekannteste Kreativmethode. Selbst wer denjenigen noch nie gehört hat, hat sicher schon mal seine Gedanken in eine visuelle Form gebracht. Sie stellt sie dann mit einem Begriff und versieht und unterstreichen ihn. Dabei können Sie sowohl systematisch als auch frei assoziativ vorgehen. Systematisch, weil Ihre Gedanken oft mehr ist: viele wichtige unmittelbare Teilaspekte des zentralen Begriffs zusammen anzuordnen – und frei assoziativ, weil man ebenso gut völlig frei ... oder kritieren aus ganz anderen Bereichen sein können und dürfen.

Der systematische Ansatz sorgt übrigens dafür, dass sich Mindmapping neben dem identifizieren auch sehr gut dazu eignen, inhaltliche Protokolle während eines Gesprächs oder Vortrags anzufassen, alle möglichen Arten von Projekten oder Veranstaltungen zu planen und sich Inhalte und Wissen anzueignen. Erst eben ein echter Allrounder für alle ebenfalls ein breites zum Beispiel Kreativwerkstatt mit einer Mindmap vor.

4.3 Mindmap

Mindmapping ist nach Brainstorming die wohl zweitbekannteste Kreativmethode. Selbst wer den Namen noch nie gehört hat, hat sicher schon mal seine Gedanken in eine visuelle Form gebracht: Sie starten einfach mit einem Begriff und verästeln und diversifizieren ihn. Dabei können Sie sowohl systematisch als auch frei assoziativ vorgehen. Systematisch, weil man damit beginnt, möglichst viele wichtige unmittelbare Teilaspekte des zentralen Begriffs um ihn herum anzuordnen – und frei assoziativ, weil es ebenso gut völlig frei gewählte Aspekte oder Kriterien aus ganz anderen Bereichen sein können und dürfen.

Der systematische Anteil sorgt übrigens dafür, dass sich Mindmapping neben dem Ideenfinden auch sehr gut dazu eignet, inhaltliche Protokolle während eines Gesprächs oder Vortrags zu verfassen, alle möglichen Arten von Projekten oder Veranstaltungen zu planen und sich Inhalte und Wissen anzueignen – ist also ein echter Allrounder für alle Lebenslagen. Ich bereite zum Beispiel Kreativworkshops mit einer Mindmap vor.

Spielregeln Mindmapping

Kurzform

Auf ein großes Blatt Papier – mindestens A3, besser größer – schreibt man in einen Kreis in der Mitte die kreative Fragestellung oder den zentralen Begriff. Darum herum notiert man systematisch Ideen und Assoziationen in jeweils eigene Kreise und entwickelt daraus wiederum so lange immer neue Ideen und wieder neue Unter-Kreise, bis das Blatt voll ist oder einem nichts mehr einfällt.

Ausführlich

Auf ein großes Blatt Papier – mindestens A3, besser größer – schreibt man in einen Kreis in der Mitte die kreative Fragestellung oder den zentralen Begriff. Das sind sozusagen die Großeltern.

Dann beginnen Sie, das Thema in Teilaspekte, Ober- und Unterbegriffe, hierarchische und strukturelle Ebenen und Elemente zu zerlegen und um den zentralen Begriff herum aufzuschreiben. Das können technische oder thematische Aspekte sein, aber auch genauso gut ästhetische, finanzielle, menschliche, mechanische, werbliche, organisatorische, produktbezogene, wtf auch immer ... eben alles, was möglicherweise zu einer Lösung führen könnte. Aber genauso wertvoll auch alles, was zum Scheitern des Projekts beitragen könnte.

Für den kreativen Output wichtig sind vor allem die freien Assoziationen. Denn je mehr die abgeleiteten Aspekte von der üblichen Ordnung und Hierarchie abweichen, desto spannender versprechen die Ergebnisse zu werden. Hier ergeben sich häufig auch unbeachtete oder geheime Stiefgeschwister, an die man möglicherweise nie gedacht hätte.

Überlegen Sie, ob eine Inspiration in diese Ebene gehört oder nur untergeordneter Teil einer anderen ist – dann muss man den zugehörigen Hauptast finden oder neu anlegen und benennen. Um im Bild zu bleiben: Zwischen Enkel und Großeltern gehören die Eltern – und das können auch Gast-, Stief- oder Adoptiveltern sein.

Die neuen Begriffe kreist man ein und verbindet sie mit dem zentralen Startkreis.

Jetzt kommt die zweite Ebene: Zu jedem der eben aufgeschriebenen Begriffe finden Sie nach dem gleichen Prinzip eigene Teilaspekte, Ober- und Unterbegriffe, hierarchische Ebenen und Elemente. Und ebenso wie eben freie Assoziationen zu interessanten Lösungen führen, kann man auch hier neue Wege finden.

So verfährt man weiter, bis das Blatt komplett vollgeschrieben (Softwares und Apps sind da flexibler) oder die gesetzte Zeit um ist. Oder einem – erst mal – nichts mehr einfällt.

Mindmaps kann man sehr gut mal ein paar Tage liegen lassen, um dann weiter daran zu arbeiten.

Irgendwann ist die Mindmap aber doch fertig. Dann setzt man sich daran, interessante Äste zu verfolgen, Variationen der eigenen Arbeit zu entdecken oder Ansätze völlig neu zu verbinden, zum Beispiel den linken oberen mit dem rechten unteren Ast inhaltlich zusammenzubringen.

Der kreative Nutzen der Mindmap ist die Arbeit daran: Während des systematischen Entwickelns kommen Aspekte ins kreative Blickfeld, auf die man ohne diesen Ansatz nicht gekommen wäre. An jedem Ast und jeder Verzweigung können frei assoziativ neue Ideen entstehen.

Variation: Mindmap + Synektik

In Kombination mit Synektik (siehe » Synektik« etwas weiter hinten in diesem Kapitel) kann man auch die klassische Mindmap aufpimpen: Schreiben Sie in eine Ecke des Blattes einen beliebigen Begriff – zum Beispiel etwas von der Einkaufsliste fürs Wochenende, einen Werkstoff, einen Buchtitel, eine Farbe, einen Beruf, eine Fortbewegungsart ...

Dann versuchen Sie auf direktem oder indirektem Wege, eine Verbindung Ihrer Mindmap-Begriffe zu diesem Reizwort herzustellen. Keine Sorge: Je weiter die Begriffe inhaltlich auseinanderliegen, desto spannender wird die neue Verbindung!

Pro, Contra, Tipps

Vorteile

Mindmapping ist fast schon meditativ, und Sie kommen schnell in einen kreativen Flow: Ordnen und schreiben und finden Sie neue Aspekte und dröseln Sie diese dann wieder weiter auf und kommen vom Hundertsten zum Tausendsten. Ein Glück, dass ein Blatt Papier endlich und irgendwann vollgeschrieben ist – und ein Glück, dass es Software und Apps gibt, die diese Grenzen nicht haben.

Mindmaps kann man sehr gut mal ein paar Tage liegen lassen – dann geht man mit neuen Ideen und neuem Elan an die Ausarbeitung und ergänzt und erweitert noch kärgliche Äste, baut vergessene Aspekte ein oder fängt neue Inspirationen oder Reizwortverbindungen an.

Mindmaps sind häufig so gut und gehaltvoll, dass sie Material für viele weitere Ideen hergeben – also gut aufbewahren beziehungsweise gleich digital anlegen. Es gibt eine Reihe von guten, preiswerten oder kostenlosen Mindmap-Tools und -Apps. Eine Auswahl finden Sie im Anhang.

Nachteile

Auch eine Mindmap braucht außerordentliche Impulse für außerordentlichen kreativen Output. Inspirieren Sie sich mit außergewöhnlichen Reizworten und Ästen.

Praktische Hinweise

Wenn Sie mit mehreren Personen eine Mindmap erarbeiten, dann erstellen Sie die ersten Äste gemeinsam. Ist die Gruppe größer als fünf, können Sie nach der ersten Ebene in jeweils kleineren Gruppen an einzelnen Ästen herumdenken.

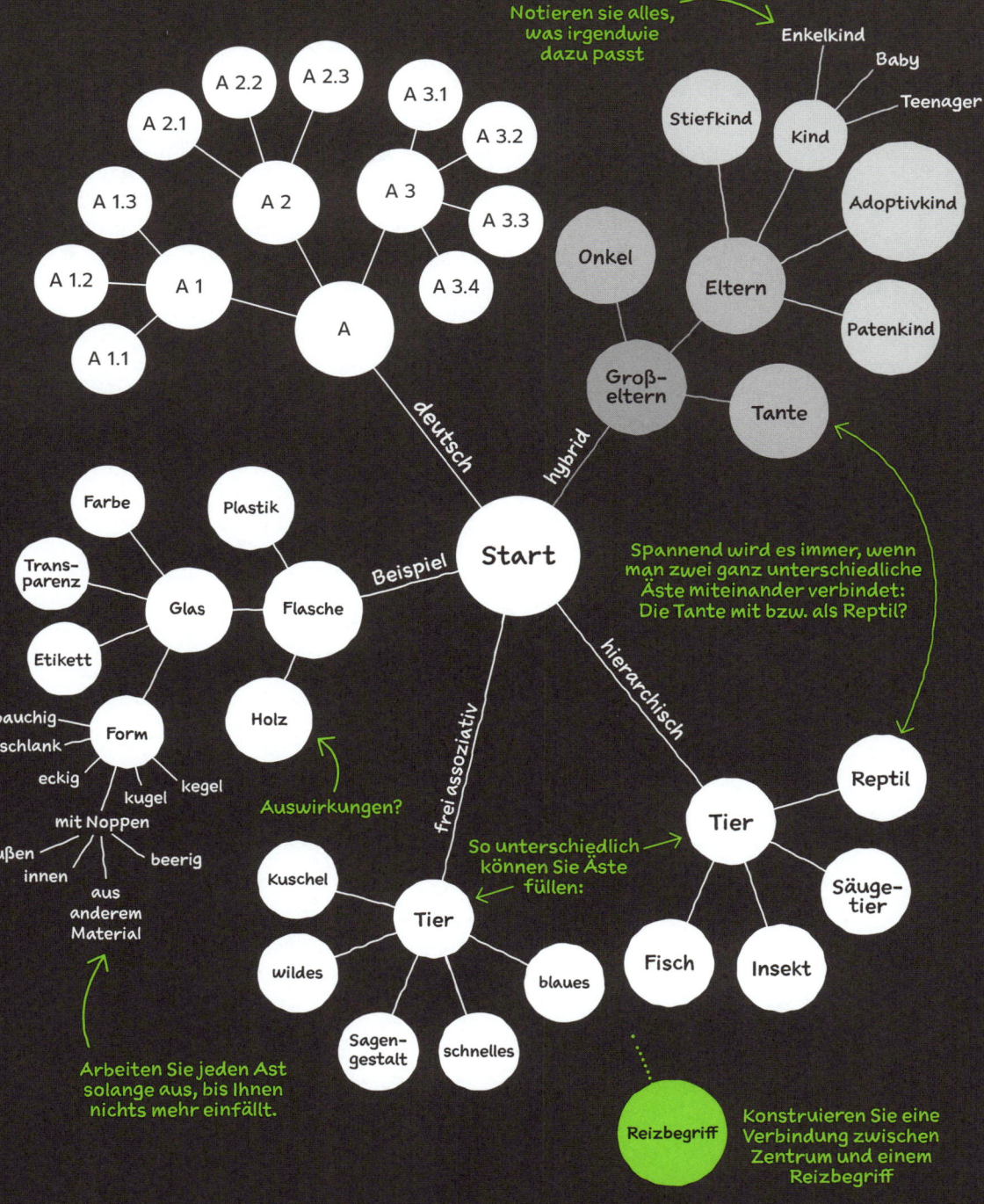

A 2.2 · A 2.3
A 2.1 · A 3.1
A 1.3 · A 2 · A 3.2
A 1.2 · A 1 · A 3 · A 3.3
A 1.1 · A · A 3.4

Notieren sie alles, was irgendwie dazu passt

Enkelkind
Baby
Stiefkind · Kind · Teenager
Adoptivkind
Onkel · Eltern
Patenkind
Groß-eltern · Tante

deutsch · hybrid

Farbe · Plastik
Trans-parenz · Glas · Flasche
Etikett
Start

Beispiel

bauchig · Holz
schlank · Form
eckig · kugel · kegel
mit Noppen
außen · beerig
innen
aus anderem Material

Auswirkungen?

frei assoziativ · hierarchisch

Spannend wird es immer, wenn man zwei ganz unterschiedliche Äste miteinander verbindet: Die Tante mit bzw. als Reptil?

Reptil
Tier
Säuge-tier

So unterschiedlich können Sie Äste füllen:

Kuschel
wildes · Tier
Sagen-gestalt · schnelles · blaues
Fisch · Insekt

Arbeiten Sie jeden Ast solange aus, bis Ihnen nichts mehr einfällt.

Reizbegriff

Konstruieren Sie eine Verbindung zwischen Zentrum und einem Reizbegriff

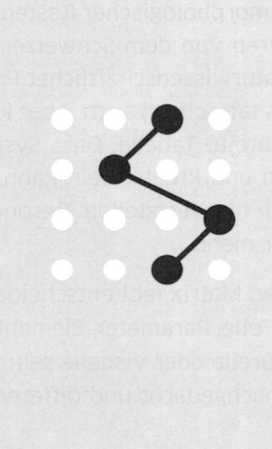

4.4 Morphologische Matrix

Die morphologische Matrix, auch morphologischer Kasten oder Zwicky-Box genannt, wurde bereits in den 1950er Jahren von dem Schweizer Physiker Fritz Zwicky für die Lösung vor allem technisch-naturwissenschaftlicher Probleme entwickelt. Und so systematisch, wie das klingt, ist es tatsächlich auch. Aber keine Sorge, denn eigentlich ist die Matrix nur eine ziemlich breite Tabelle. Dass Systematik in Verbindung mit freier Assoziation richtig nützlich und kreativ sein kann, hatte ich ja schon früher erwähnt, und das werden Sie auch hier feststellen. Besonders, wenn man die Matrix weiter aufbohrt, doch dazu später mehr.

Das Potenzial der morphologischen Matrix lebt entscheidend von der Vorarbeit: Zerlegen Sie Ihr Problem in einzelne Teile, Parameter, Elemente – das können inhaltliche, funktionale, hierarchische, strukturelle oder visuelle sein. Je genauer man beim Zerlegen in Parameter hingesehen, nachgedacht und differenziert hat, desto größer ist später der kreative Output.

Spielregeln morphologische Matrix

Quick & dirty

Erstellen Sie eine Tabelle mit 11 Zeilen und 11 Spalten. Zerlegen Sie Ihr Problem in 10 Parameter, die untereinander in die erste Spalte eingetragen werden. Füllen Sie alle 10 Felder der Zeile aus. Wiederholen Sie das für jede Zeile bzw. für jeden Parameter. Sobald die Tabelle komplett gefüllt ist, gehen Sie sie von oben nach unten durch und kombinieren Einzellösungen aus jeder Zeile zu einem neuen Gesamtpaket.

Parameter ↓	Einzellösungen →					
Komponente A	1	2	3		19	20
Eigenschaft B						
Element C						
Herkunft D						
Einheit E						
was noch?						

Ausführlich

Eine morphologische Matrix erstellt und nutzt man in drei Schritten:

Zuerst: Zerlegen

Das Problem, Objekt oder die Aufgabe wird zunächst komplett in seine Grundbestandteile oder Elemente zerlegt. Dabei sind alle Arten der Dekonstruktion möglich: strukturelle, funktionale, zeitliche, inhaltliche, örtliche, hierarchische, taxonomische, visuelle, technische, formale, sprachliche, ... Schon beim Zerlegen unter verschiedenen Gesichtspunkten poppen erste Ideen auf, und man kann Klassifizierungen, die man unbewusst immer wieder gleich vornimmt, frisch überdenken und künftig aus Alternativen schöpfen.

Sie können allgemein bleiben oder einen Schwerpunkt setzen und so einen ganz speziellen Bereich gesondert unter die Lupe nehmen. Denn je nach Aufgabe, Vorhaben und Anspruch gibt es nahezu unbegrenzt viele spezielle Parameter und Elemente. Als Spezialist kann man natürlich auch nur einen einzelnen Schwerpunkt setzen und sich ausschließlich um die kreative Entwicklung eines ganz bestimmten Teilaspekts seiner Arbeit kümmern: Effizienz, Geschichte, Nachhaltigkeit, Homogenität, Wirkungsschwerpunkt, Wirkungsort, Materialien, Funktionsprinzipien, Unterhaltungswert, ... Sie bestimmen den Fokus.

Egal, in welchem Bereich Sie etwas Neues oder Außergewöhnliches suchen – sorgfältige Recherche hilft, einen Überblick zu bekommen. Sehr hilfreich ist bei diesem Schritt übrigens eine Mindmap.

Mit 10 Teilaspekten zu beginnen, ist schon eine ordentliche Aufgabe – zum Anfangen und Üben reichen aber auch schon 5. Die aufgedröselten Elemente schreibt man untereinander in die erste Spalte einer richtig breiten Tabelle. Die kann auf Papier, aber auch mit einer Tabellenkalkulation erstellt sein.

Zum besseren Verständnis erfinden wir direkt mal ein paar neue Stühle und zerlegen dafür das Objekt »Stuhl« in ein paar seiner Grundbestandteile: für wie viele Personen geeignet, generelles Material, Größe und Bequemlichkeit der Sitzfläche, Anzahl der Beine, Material der Beine, Höhe der Beine, Anzahl Lehnen, Größe der Lehne(n) und Stabilität.

»Was noch?« ersetzen Sie durch weitere Parameter, die in Ihrem Projekt eine Rolle spielen könnten – oder auch gerade nicht. Aber dazu bei den Kreativ-Boostern mehr.

Zweiter Schritt: Einzellösungen finden

Im zweiten Schritt findet man für jeden Parameter möglichst viele unterschiedliche Einzellösungen. Jede wird separat in jeweils ein einzelnes Tabellenkästchen geschrieben. Papier hat den Nachteil, dass das Blatt irgendwann endet – die Ideen aber noch nicht. Legen Sie die Tabelle daher auf maximale Breite an, zum Beispiel mit quer beschriebenem Flipchart-Papier oder in Form einer Excel-Tabelle mit unendlich vielen Spalten.

Die systematische Tabellenstruktur hilft Ihnen, nichts zu übersehen. Haben Sie etwas bewusst ausgelassen? Warum? Wenn es nicht ganz passen wollte, ergänzen Sie dies ggf. in einer zusätzlichen neuen Zeile als Parameter, oder stellen Sie dafür sogar eine eigene Matrix auf.

Hören Sie nicht bei 10 Einzellösungen auf, mindestens 20 sollten es schon sein, wenn am Ende interessante, wirklich neue Ideen stehen sollen. Notieren Sie so viele Einzellösungen wie möglich und dann immer noch ein paar mehr und dann noch ein paar absurde beziehungsweise absurd scheinende und dann die bizarren und schließlich die unmöglichen.

Diesen zweiten Schritt wiederholt man anschließend für jeden Parameter, den man sich im ersten Schritt herausgearbeitet hatte.

In unserem Stuhl-Beispiel wären das zum Beispiel die Anzahl der Personen, die man gleichzeitig darauf Platz nehmen lassen will: ein Stuhl für 0 (Null), 1, 2, 3, ... Personen (ja, dann wird irgendwann eine Bank daraus), mit 0 (Null), 1, 2, 3, 4, ... Beinen usw.

Parameter ↓	Einzellösungen →						
für x Personen	keine	½	1	2	3	4	...
Material allg.	Holz	rohes Holz	Stahl	Gummi	Beton	Pappe	...
Form Sitzfläche	rund	Quadrat	Dreieck	abgerundet	trapezoid	Polyeder	...
Bequemlichkeit	abweisend	mittel	anschmiegsam	extrem	flauschig	Gel	...
Beine Anzahl	0	1	2	3	...	7	...
Beine Material	Holz	rohes Holz	Stahl	Gummi	Beton	Pappe	...
Beine Höhe	0 cm	10 cm	40 cm	60 cm	1 m	2 m	...
Lehnen Anzahl	0	½	1	2	3	4	...
Lehnen Höhe	0 cm	10 cm	40 cm	60 cm	1 m	2 m	...
Stabilität	geleeartig	wackelig	elastisch	normal	über-dimensioniert	extrem	...

Dritter Schritt: Ideen ernten

Irgendwann ist die Matrix satt und gut gefüllt. Dann stellt man aus den Einzellösungen der Parameter wieder ein Gesamtkonzept zusammen. Dabei gehen Sie die Tabelle von oben nach unten durch und kombinieren verschiedene Einzeleinträge miteinander.

Wichtig: Kopfkino aktivieren, Möglichkeitsdenken einschalten – denn auch hier gilt: Je weiter die Einzellösungen auseinanderliegen – vor allem vom ursprünglichen Objekt – desto spannender wird die neue Zusammenstellung.

Mit der Stuhl-Matrix ergeben sich unter vielen anderen diese drei Konzepte:

Dreieck: Ein Stuhl für eine Person, aus Beton mit runder Sitzfläche, weist mittlere Bequemlichkeit auf, hat drei Beine und ist ansonsten sehr normal, was die Maße betrifft.

Kreis: Ein wahrscheinlich etwas breiterer Stuhl für gut 1,5 Personen (vielleicht ein Eltern-Kind-Sitzmöbel), der aus Holz gefertigt ist, eine trapezoide, aber bequeme Sitzfläche hat, die 4 Beine bestehen aus Ästen, insgesamt fällt er etwas kleiner aus und ist mit seiner niedrigen Lehne eher so eine Art Hocker.

Quadrat: Dieser Stuhl ist ein Zweisitzer aus Metall, der nur mit zwei Beinen auskommt und (deswegen?) auch sehr unbequem ist.

Kreative Booster

Mit zwei ganz einfachen Mitteln kann man das Potenzial der morphologischen Matrix wesentlich erweitern: Erstens indem man einfach immer weitere Einzellösungen in der Horizontalen hinzudichtet und zweitens neue Parameter in der Vertikalen hinzufügt, die mit dem ursprünglichen Projekt (noch) nichts zu tun haben müssen.

Horizontal: Immer noch mehr Einzellösungen

Der Trick ist: einfach nicht aufhören, neue Einzellösungen dazuzuschreiben. Wenn man erst mal im kreativen Flow ist, fallen einem auch abwegige, unrealistische, tabubrechende und verrückte Lösungen ein – aber auf die haben wir es ja gerade abgesehen.

Interessant sind hier auch stets Zahlen: Was bewirkt eins mehr bzw. weniger als »normal« üblich – ein Stuhl mit 3 oder 5 Beinen? Besonders aber die Grenzwerte Null und Unendlich führen dazu, völlig anders über die Kreativaufgabe nachzudenken. Ein Stuhl mit keinen oder wimmelvielen Beinen – was soll das, wie geht das, wer braucht das, wofür ist das, wie macht man das? Diese Fragen sind wertvoll, weil sie Sie sofort abseits der üblichen Denkmuster lotsen.

Serien, Zyklen, Gruppen: Der rote Faden ergibt sich, wenn man verschieden Einzellösungen einer Zeile zu einer Gruppe verbindet: Stühle, die sich Beine teilen, Stühle, die mit unterschiedlich vielen Beinen ausgestattet werden können, austauschbare Elemente, Serien und Alternativen.

Parameter ↓	Einzellösungen →		Booster → einfach immer weitere Lösungen (er)finden				
für x Personen	keine	...	2x2	Paare	11	25	...
Material allg.	Holz	...	Filz	Haut-artig	Glas	Ziegelstein	...
Form Sitzfläche	rund	...	Po-förmig	Landschafts-oberfläche	Stern	Donut	...
Bequemlichkeit	abweisend	...	unmöglich zu sitzen	versinkend	immer schräg	darin hängend	...

Parameter ↓	Einzellösungen →				
für x Personen	keine	½	1	2	...
Material allg.	Holz	rohes Holz	Stahl	...	...
Form Sitzfläche	rund	Quadrat	...	...	...
Bequemlichkeit	abweisend	...	...	...	...

Booster ↓ neue, unerwartete, unübliche Parameter einführen

Kompatibilität	Natur	Lego	iStuhl	Indoor Outdoor	...
Multimedia	USB	Dolby	Bluetooth	Halterung	...
Antrieb	Treten	Elektro	Raupe	Segel	...
Upcycling aus	Autositz	Gartenstuhl	Koffer	Einkaufs- wagen	...
...	...	...	...	...	...

Man sieht: Die Vielfalt ist riesengroß, und jede hineingeschriebene Inspiration ist Ausgangspunkt einer neuen Geschichte.

Vertikal: Neue Parameter erfinden

Um noch mehr aus der morphologischen Matrix herauszuholen, kann man sie aufbohren. Dazu fügt man am Ende einfach ein paar Parameter hinzu, die es üblicherweise in Ihrem jeweiligen Projekt nicht gibt oder darin scheinbar keine Rolle spielen: Lautstärke – ein Regler am Stuhl, der das Knarzen beim Kippeln reguliert, Energiequelle – hat/ist der Stuhl eine Energiequelle und wenn ja wofür?, Outdoor – sofern es sich nicht um einen geplanten Campingstuhl handelt, welchen Bezug hat er zur Draußenwelt? Hier berühren sich Synektik und Morphologische Matrix.

Ein weiterer Trick besteht darin, Oberbegriffe anstelle von konkreten Parametern zu nutzen. Also anstelle von »Akku« »Stromquelle« oder »Energiequelle« zu schreiben. Denn bei Akku denkt man natürlich nur an Stromspeicher – Energiequelle kann auch ein mechanischer Federaufzug, Feuer, Windenergie oder Erdwärme sein.

Pro, Contra, Tipps

Vorteile

Eine sorgfältig aufbereitete und befüllte morphologische Matrix kann man wiederverwenden, erweitern und neu auswerten beziehungsweise rekombinieren.

Nachteile

Eine nur mit Standards befüllte morphologische Matrix verschenkt einen guten Teil Ihres kreativen Potenzials.

Praktische Hinweise

Eine sehr breite Tabelle mit 20 Spalten sorgt dafür, dass man nicht schon nach 10 Einzellösungen aufhört nachzudenken. Und die richtig interessanten Einzellösungen kommen sowieso immer erst, wenn der Standard rausgehauen wurde und man wirklich nachzudenken beginnt.

4.5 Parameter-Kreuz

Das Parameter-Kreuz ist der kleine Bruder der morphologischen Matrix. Man kann es zur Ideenentwicklung nutzen, aber auch spontan als Kreativ-Snack, wenn man noch schnell alternative Ideen braucht. Der kreative Trick liegt auch hier wieder in der systematischen Anregung des Kopfkinos.

Spielregeln Parameter-Kreuz

Ähnlich der morphologischen Matrix zerlegen Sie Ihr Projekt, Objekt, Problem wieder in einzelne Elemente. Im Parameter-Kreuz suchen Sie sich aber nur zwei Dinge heraus, die Sie anschließend miteinander rekombinieren.

Jeder der beiden Parameter wird genauso wie bei der morphologischen Matrix ausgearbeitet und in Einzellösungen zerlegt. Diese werden anschließend geordnet: von klein zu groß, von einfach zu aufwändig, von simpel zu komplex, von langsam zu schnell, von wenig (oder nichts) zu viel, oder wie auch immer man die gewählten Parameter sortieren kann. Ein Stuhl kann von 0 bis unendlich viele Beine haben, und aus einem oder sehr, sehr vielen Einzelteilen (z. B. zusammengeklebte Sägespäne) bestehen.

In dieser Ordnung schreibt man die Parameter neben- beziehungsweise untereinander auf. Dazu eignen sich lange, schmale Papierstreifen oder kleine Karteikarten, die man aneinanderklebt. Ein sehr großes Blatt Papier, das man längs in Viertel schneidet und mit Strichen abtrennt, tut's allerdings auch.

Schließlich hat man zwei unabhängige Streifen, die man wie x- und y-Achsen über Kreuz legt. Dort, wo sich die Achsen kreuzen, ergeben die beiden notierten Parameter-Einzellösungen Inspiration für eine neue Gesamtlösung. Dann verschiebt man eine der Achsen (die eben noch Streifen hießen) um eine Einheit und schmeißt das Kopfkino erneut an: Wie sähe das denn nun aus? Und dann wieder die andere Achse: Was passiert jetzt?

Variante In-between

Zwischen den Einzellösungen auf jeder Achse kann man auch jeweils ein Feld frei lassen: Dort hinein denkt man sich Werte, die eben irgendwo zwischen den einzelnen Lösungen liegen und an die man bisher nicht gedacht hat oder die es (noch) nicht gibt: ein Stuhl für 1,5 Personen, diverse Material- oder Funktionsmixe in bestimmten Details, unübliche, aber interessante Zwischengrößen, ... So gelangt man schnell zu Inspirationen, die jenseits üblicher Denkmuster liegen.

Pro, Contra, Tipps

Vorteile

Ein Parameter-Kreuz ist relativ schnell gemacht. Manchmal reicht sogar nur eine ausgearbeitete Achse, um neue Inspiration für die eigene Arbeit zu erhalten.

Nachteile

Okay, Kassenrollenpapier und kleine Karteikarten hat man nicht immer zur Hand. Aber ein zerschnittenes Blatt Papier tut's ja auch.

Praktische Hinweise

Ich schreibe gerne auf kleine, aneinandergeklebte Karteikarten, die sich praktisch ziehharmonikaartig zusammenlegen lassen.

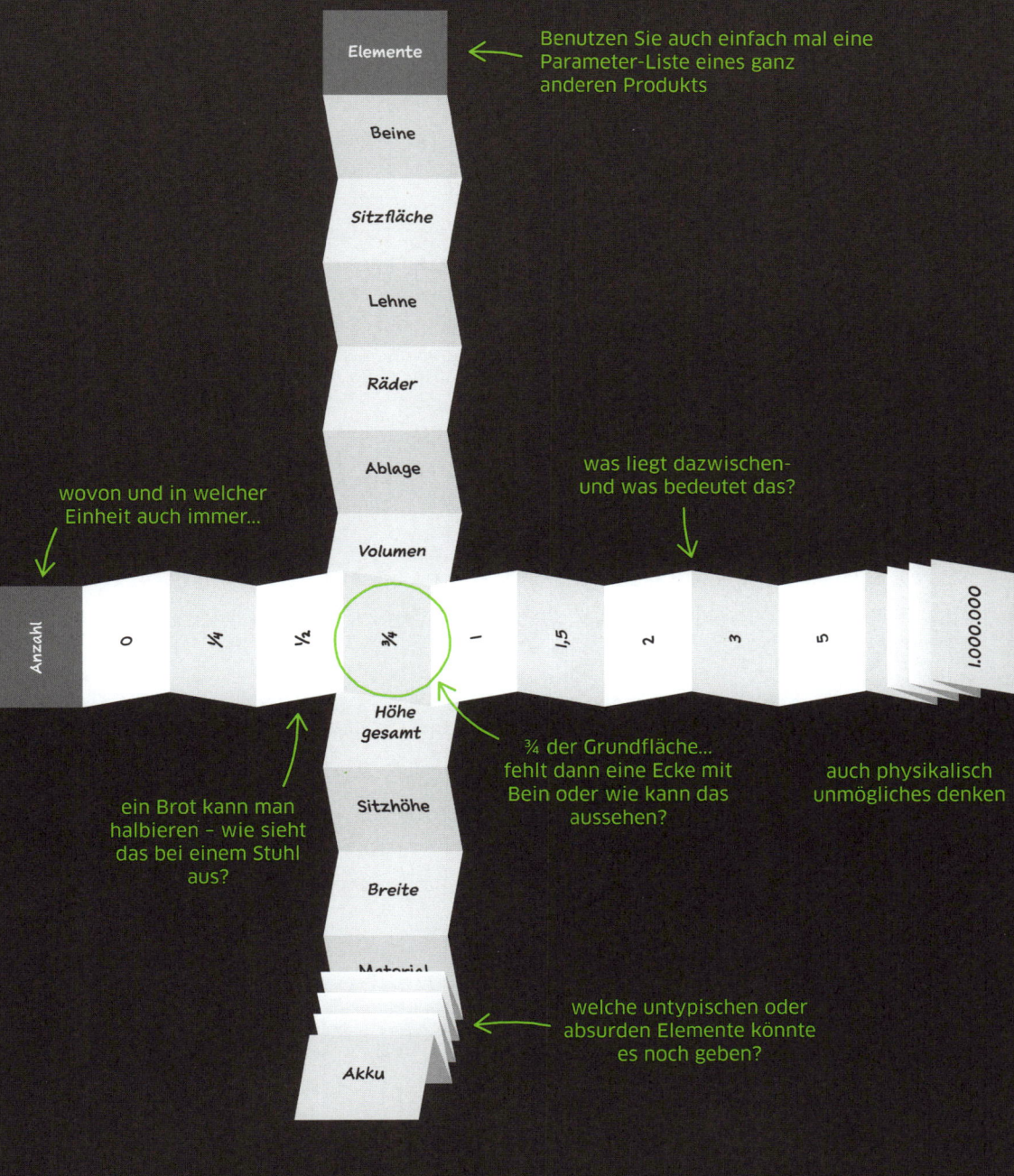

Benutzen Sie auch einfach mal eine Parameter-Liste eines ganz anderen Produkts

Elemente

Beine

Sitzfläche

Lehne

Räder

Ablage

Volumen

was liegt dazwischen – und was bedeutet das?

wovon und in welcher Einheit auch immer...

Anzahl   0   ¼   ½   ¾   1   1,5   2   3   5   1.000.000

auch physikalisch unmögliches denken

¾ der Grundfläche... fehlt dann eine Ecke mit Bein oder wie kann das aussehen?

ein Brot kann man halbieren – wie sieht das bei einem Stuhl aus?

Höhe gesamt

Sitzhöhe

Breite

Material

Akku

welche untypischen oder absurden Elemente könnte es noch geben?

4.6 Synektik

Die klassische Synektik ist eine Kreativmethode, die seit 1944 von William Gordon entwickelt und 1961 von ihm in einem Buch beschrieben wurde. Da sie in der von ihm publizierten Reinform ganz schön komplex ist, zehn definierte Prozessschritte bis zum Lösungsansatz benötigt werden, einen darin erfahrenen Moderator erfordert und zumindest ich für das alles viel zu ungeduldig bin, nutzen wir hier die visuelle Synektik. Sie ist auch unter dem Namen Katalog- oder Zufallstechnik und in der verbalen Form als Lexikon- oder Reizworttechnik bekannt. Aber egal ob per Bild, Ton, Video oder Wort: Allen Methoden gemeinsam ist, dass man bewusst externe, zufällige Impulse einsetzt, um sich für sein Problem oder seine Fragestellung inspirieren zu lassen. Synektik hat übrigens nichts mit Ektoplasma zu tun.

Spielregeln visuelle Synektik

Für die Synektik benötigt man eine Materialsammlung. Das ist im einfachsten Fall ein stark bebilderter, vielseitiger Katalog (solange es die noch gibt) und im besten Fall eine inhaltlich völlig freie Sammlung von Bildern, Worten, Objekten, Videos, Tönen, Klängen, Geräuschen und anderen Eindrücken. Das können Kataloge, Broschüren, alle Arten von Lexika, exotische Fachbücher, Postkarten oder alte Stockfotokataloge sein – je vielfältiger, desto besser. Ich benutze dazu auch immer eine Kiste mit kleinen Objekten, die kontinuierlich erneuert werden. Und wenn Sie gerade keine Materialsammlung zur Hand haben, dann googeln Sie einfach Bilder zu einem merkwürdigen Begriff oder Sie gehen einfach selbst in die Materialsammlung hinein: in den Supermarkt, auf den Flohmarkt, in die Bibliothek oder Buchhandlung, in eine Ausstellung oder durch eine Straße oder ein Viertel, durch die/das Sie noch nie gegangen sind.

Alles Weitere beschreibt der Name »Zufallstechnik« schon sehr treffend: Man blättert oder kramt in seiner Materialsammlung herum und stellt konsequent von jedem gesichteten Bild, Wort oder Objekt eine Verbindung zum aktuellen Problem beziehungsweise zur aktuellen Aufgabe her. Achten Sie auf besondere Eigenschaften und Funktionen, auf Verwendungskontexte, Strukturen und Materialien, betrachten und analysieren Sie sie von allen Seiten. Man kann immer einen Bezug konstruieren – versprochen.

Ganz wichtig ist hier: am Ball bleiben und nicht aufgeben. Auch wenn Ihnen nicht sofort etwas dazu einfällt – unbedingt hartnäckig dranbleiben. In Gedanken kann man das/den gesichtete/n Objekt/Bild/Begriff zerlegen und nur diese Teile, Eigenschaften, Materialien auf das eigene Problem anwenden. Gehen Sie niemals weiter, ohne zumindest eine Verbindung hergestellt zu haben!

Pro, Contra, Tipps

Vorteil

Synektik erzeugt sehr intuitiv Impulse, die leicht zu neuen Ideen führen. Sie gibt Inspiration aus Bereichen und zu Themen, auf die man durch aktives Selbstdenken nicht gekommen wäre.

Nachteil

Da hier das Systematische fehlt, kann es sein, dass einem der ein oder andere kreative Ansatz durch die Lappen geht, weil die dafür nötige Inspiration nicht da war. Andererseits: siehe Vorteile.

Und: Einigen Menschen fällt das Fabulieren und »Was-wäre-wenn«-Denken schwer – die müssen ein wenig härter trainieren und an diese Methode glauben, um damit Erfolge zu erzielen.

Praktische Hinweise

Gelegentlich daran denken, einen Katalog, ein altes Lexikon oder Wörterbuch, ein illustriertes Lehrbuch eines exotischen Fachgebiets, ausländische Zeitschriften, Zeitungsbeilagen, merkwürdige Objekte, Postkarten etc. in die synektische Materialsammlung aufzunehmen. Das kann auch eine virtuelle Sammlung auf Ihrem Laptop oder Tablet sein. Alles, was Sie aus dem alltäglichen Schemadenken herauszuholen vermag, ist nützlich.

uste Box Nikolaus Pappe schwarz Moo
mies Herbst Brötchen BBC
est Zirkus sauber Bimmel prim
schlag Menthol Niere transparent
urig Benzin
abica Getreide Tee Biene Mein
rähistorisch Autoreifen Golfplatz Gi
Silo gelb Angeber G
rraube Fraktur Start Wärm
Gras Zwerg Stutzen Knethaken Mädch
Kuckucksuhr
pa Reptil Bude Pümpel
rühstück Kreuz Typografie dünsten Filz
land wirkungslos solo Pinguin Nummer
hat Mimose kriechen Säugling
en Löffel Tannenzapfen Sinn Da
eck
uer Nirgendwo regulieren Saugnapf fre
roge Schale Fräulein neu Planet Proktolog
morgens nie
rad Verlierer gebraucht Ker
isli wenig Sänger Kittel
den Pipi Handy saugen Werkzeug Seit
er Mineralwasser Geruch Sagengestalt
aufen jammern Ziege Hemd Pfeil normal Ba
ech Verrat Steg Ast gestern peint
men Aberglaube Napf Salbe Hundehütte Regen Müt Klam
iste arm Neugier Bär Tasse regula
Holz Bonbon grün Kampf Button
Buch Karibik Pinsel pupsen Asche

4.7 Cross-Innovation

- 👥 Teilnehmerzahl: 1 bis 5
- 🕐 Zeitbedarf: 60 bis 90 Minuten
- 📄 Material: Materialsammlung
- ➕ Vorteil: kann man alleine machen
- ➖ Nachteil: aufwändige Recherche oder interdisziplinäres Team erforderlich

Cross-Innovation beruht im Wesentlichen auf der Inspiration durch Produkte, Prozesse und Branchen. Es können aber auch Trends, Techniken und Ziel- bzw. Lifestylegruppen in die Überlegungen einbezogen werden. Hinter allem steckt die Frage, ob und wie mein/unser Problem gegebenenfalls an anderer Stelle bereits gelöst wurde. Unternehmen lernen durch kreatives Abgucken von anderen Branchen und generieren daraus eigene Produkte und Dienstleistungen oder verbessern sie. Entsprechende Workshops haben in den letzten Jahren stark an Beliebtheit gewonnen.

Alleine

Um alleine oder innerhalb einer homogenen Gruppe mit Cross-Innovation kreativ erfolgreich zu sein, muss man sich darauf einstellen, die Ideation, also den Zeitraum des Ideenfindens, zeitlich extrem auszuweiten. Denn sie findet schon während der intensiven Informations- und Recherchephase statt, ohne die man hier kaum etwas Nennenswertes bewegen wird.

Nach der eigenen Zielformulierung (SMP) macht man sich aktiv auf die Suche nach Problemlösungen in anderen Branchen und Technologien, vergleicht Prozesse mit den eigenen, versucht Ähnlichkeiten in den Herausforderungen zu finden und daraus Adaptionen von Lösungen zu formulieren.

Sie können die Ideation etwas beschleunigen, indem Sie sich, ähnlich der Synektik, mit Impulsen aus bestimmten Branchen, gesellschaftlichen und Konsumtrends sowie Lifestylegruppen gezielt inspirieren. Überlegen Sie, was Ihr Unternehmen oder Ihr Produkt von Branchen wie Automotive, Kosmetik, Gesundheitswesen, Tourismus, Social Engineering, ... lernen kann.

Daneben gibt es eine Reihe von gesellschaftlichen, technischen und Konsumtrends, die für Nachfragen in bestimmten Bereichen sorgen (werden). Nutzen Sie diese, um daraus neue Produkte oder Dienstleistungen abzuleiten, die Ihr Unternehmen bereits heute mit angemessenem Aufwand erfüllen kann. Extrapolieren und übertreiben Sie die Auswirkungen des Trends auch auf einen Zeitraum von 5, 10 oder 15 Jahren – wie wirkt er sich auf Ihr/e Unternehmen/Produkt/Dienstleistungen aus? Fördernd, neutral oder tödlich – und wie sollten Sie handeln?

Schließlich gilt es, bestimmte Zielgruppen zu begeistern. Das ist erfahrungsgemäß im Lifestylebereich und mit Marketing einigermaßen leicht zu erfüllen. Wenn Sie wissen, wie bestimmte Bevölkerungsgruppen ticken, worauf sie Wert legen, was ihnen wichtig ist und was sie ablehnen, können Sie ihnen maßgeschneiderte Produkte und Dienstleistungen anbieten. Kennen Sie Latte Macchiato-Mütter, Silver-Surfer, …

Für technische Probleme im Detail eignet sich der Abgleich mit den sehr systematischen 40 innovativen Grundprinzipien und 39 technischen Parametern aus dem TRIZ – der Theorie des erfinderischen Problemlösens (Teoria Reschenija Isobretatjelskich Zadatsch). TRIZ wurde von dem russischen Ingenieur und Science-Fiction-Autor Genrich Altschuller entwickelt, der tausende Patente untersuchte und dabei systematisch überwundene Widersprüche und universelle Lösungsprinzipien entdeckte.

Diese innovativen Grundprinzipien sind übrigens inhaltlich direkt mit den Kreativtechniken verwandt, jedoch auf technische Sachverhalte zugeschnitten. Sie sind zum Beispiel: Zerlegen, Asymmetrie, Koppeln, Funktionsumkehr, Dynamisierung, periodische Wirkung, Kopieren.

Interdisziplinäres Team

Der organisatorische Aufwand ist deutlich größer als alle anderen hier vorgestellten Methoden – aber die mögliche kreative Ausbeute rechtfertigt den Aufwand: Laden Sie sich Spezialisten aus allen möglichen Disziplinen ein. Das können Verfahrenstechniker, Chemiker, Soziologen, Leute aus der Krankenhausverwaltung, Elektroingenieure, Baumaschinenhersteller, Physiotherapeuten, Neurobiologen, Logistiker, Marketer, Verpackungstechniker oder … sein – jede/r kann aus seinem Wissens- und Erfahrungsschatz wertvolle Impulse zu Ihrem Problem beitragen, an die Sie im Traum nicht gedacht hätten.

Zur Organisationsform: Als Individuum eingeladen, lastet die Erwartungshaltung schwer auf so einem Experten-Consultant – nutzen Sie lieber die Dynamik und den entstehenden Flow einer kleinen Gruppe aus Internen und Externen. Das kann ein einmaliger Workshop oder eine Veranstaltungsreihe sein. Sie als Project-Owner ge-

ben das Thema/Problem vor, die Experten steuern aus ihren Disziplinen Impulse und Problemlösungen bei. Planen Sie ausreichend Zeit für die Briefings ein – diese können Sie den Teilnehmern schriftlich bereits ein paar Tage vorab zur Verfügung stellen. Achten Sie auch hier wieder darauf, nur kleine Gruppen bis zu 5 Personen gleichzeitig zusammenarbeiten zu lassen.

Pro, Contra, Tipps

Vorteil

Je nach Organisationsform erhalten Sie interessante Cross-Innovations, mindestens jedoch wertvolle Impulse aus allen möglichen Bereichen. Ich erinnere mich gerne an eine Chemikerin, die mit dutzenden Ideen und einem verdammt breiten Grinsen aus einem offenen Workshop in ihr Unternehmen zurückkehren konnte.

Nachteil

Der Recherche- bzw. Organisationsvorlauf ist deutlich aufwändiger – produktive Cross-Innovation ist definitiv nichts für schnell mal zwischendurch. Nutzen Sie sie daher eher als Tool zur strategischen Unternehmens- und Produktentwicklung.

Praktische Hinweise

Schließen Sie sich ggf. mit Unternehmen aus anderen Branchen oder Technologiebereichen zu Cross-Innovation-Teams zusammen. Dies wird häufig auch von öffentlichen Wirtschaftsförderungen und Technologietransfereinrichtungen organisatorisch und finanziell unterstützt.

- Teilnehmerzahl beliebig
- Zeitbedarf 1 bis 14 Tage
- Material: leeres Buch oder Pinnwand bzw. Whiteboard, alternativ ...
- Vorteil: kann ein sehr großes Team involvieren
- Nachteil: dauert etwas

4.8 Collective Notebook

Teilnehmerzahl: beliebig

Zeitbedarf: 1 bis 14 Tage

Material: leeres Buch oder Pinwand bzw. Whiteboard, auch digital

Vorteil: kann ein sehr großes Team involvieren

Nachteil: dauert etwas

Das Collective Notebook (CN) ist eigentlich nur ein zunächst leeres Buch. In dieses schreiben Sie die Aufgabe oder das Problem in Form einer Frage (Single Minded Proposition) hinein und legen den so präparierten »Köder« offen an einer stark frequentierten Stelle in Ihrem Unternehmen aus. Nun kann jeder seine/ihre Ideen dazu hineinschrieben. Nach einer bestimmten Zeit werden die gesammelten Ideen geerntet.

Machen Sie Ihr Team vorab persönlich mit den Spielregeln des Collective Notebooks vertraut: Frage lesen und alle Ideen dazu einzeln hineinschreiben oder skizzieren. Man darf sich auch auf bereits niedergeschriebene Ideen anderer beziehen, diese fortspinnen und weiterentwickeln. Diese Spielregeln stehen auch noch mal ganz vorne im Buch. Es kann, darf und soll natürlich mehrfach verwendet werden. Häufig wird es zu einer ständigen und beliebten Einrichtung für kleine und große Fragen. Mit einem farbigen Post-it markieren Sie die Stelle, an der die aktuelle Frage steht, wenn bereits umgeblättert werden musste. Laden Sie alle Mitglieder Ihres Teams zur Teilnahme ein.

Ein guter Auslageort für das Collective Notebook ist die Teeküche, ein Pausenraum oder ein Platz, der gemeinschaftlich genutzt wird und natürlich Gelegenheit zum Schreiben bietet. Das CN liegt stets aufgeschlagen aus und lädt so zur kreativen Auseinandersetzung ein. In regelmäßigen Abständen checkt und dokumentiert der/die Ideensucherin das Collective Notebook – z. B. alle zwei Tage – und beendet die Ideensuche schließlich nach ein paar Tagen, spätestens jedoch nach ca. zwei Wochen.

Jeder im Team sollte im CN Fragen stellen dürfen – für einen soliden kreativen Output sollten die gestellten Fragen allerdings den Anforderungen einer guten Single Minded Proposition genügen. Stellen Sie sicher, dass dem so ist, unterstützen Sie ggf. bei der Formulierung der Frage.

In der Praxis ist das Collective Notebook ein gebundenes Buch mit zunächst völlig leeren Seiten. Um die kreative Qualität und den künftigen Wert des Inhalts des Notebooks herauszustellen, wählen Sie ein quadratisches oder Querformat und den Einband in Unternehmensfarben oder besonders herausgehoben gestaltet. Ein Heft oder eine Chinakladde wirkt billig und ist dem Ziel nicht angemessen. Außen steht groß und deutlich »Collective Notebook« drauf, ein Stift ist mit einer kleinen Halterung permanent mit dem Buch verbunden.

Ein Collective Notebook hat mehrere Stärken: Einerseits fordert es durch sein beiläufiges Wesen in besonderem Maße kreative Ideen heraus, weil kein zeitlicher Zwang besteht, eine Idee produzieren zu müssen. Andererseits lassen sich auch Gruppen in einen Innovations- oder Kreativprozess einbeziehen, die zu groß für einen einzelnen Workshop sind. Alternativen für große Gruppen sind BrainStation und World Café (siehe Abschnitt 4.9 in diesem Kapitel).

Variante digital

Ein Collective Notebook kann auch digital implementiert werden. Es gibt etliche Softwares, die asynchrones Brainstorming oder Brainwriting ermöglichen. Wenn Sie so etwas einsetzen können oder wollen, sorgen Sie unbedingt dafür, dass Ihr Team diese Möglichkeit aktiv nutzt. Der Medienwechsel zwischen Bildschirmarbeitsplatz und Papier ist aber auch ein guter kreativer Impuls.

Variante Collective Board

Anstelle eines Buches können Sie auch ein Black- oder Whiteboard benutzen. Hier stehen die Fragen auf einem z. B. farbig hervorgehobenen Blatt und die dazu ent-

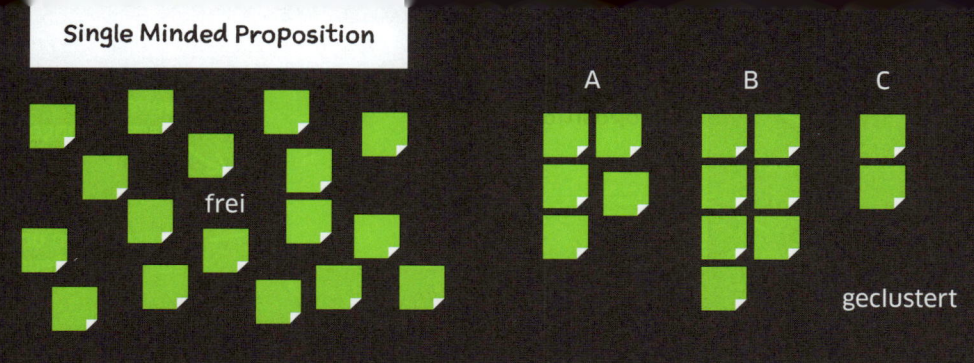

Single Minded Proposition

frei

A   B   C

geclustert

wickelten Ideen werden auf Post-its oder direkt auf das Whiteboard geschrieben. Achten Sie darauf, dass auch die Boards an Orten installiert sind, an denen Ihr Team verweilt – hängen Sie das neue schwarze Ideenbrett also nicht irgendwo in einem Durchgang oder Flur auf.

Pro, Contra, Tipps

Vorteil

Das Collective Notebook ist eine entspannte Art, Ideen zu generieren: Sie nutzen die Kreativität Ihres Teams in gelassenen Momenten. Ein CN wird leicht ein beliebter und somit fester Bestandteil Ihrer kreativen Teamarbeit. Die Durchführung einer Kreativsession ist sehr einfach und geschieht quasi nebenbei.

Nachteil

Wer von jetzt auf gleich eine Idee benötigt, muss andere Kreativmethoden nutzen – CN braucht mindestens ein paar Tage. Und da es keinen Moderator gibt, entwickelt die kreative Fragestellung gelegentlich seltsame Ideenblüten. Das merken Sie mit regelmäßigen Checks und evtl. Nachjustierung der Frage.

Praktische Hinweise

Ziehen Sie das CN aus dem Verkehr, wenn keine aktuelle Frage ansteht – so vermeiden Sie einen Ermüdungseffekt. Sobald es wieder eine kreativ zu lösende Frage gibt, taucht es wieder auf.

4.9 BrainStation, BrainRunning, World Café

BrainStation, BrainRunning und World Café sind Meta-Methoden: Sie sind organisatorische Anpassungen von schriftlichen und mündlichen Kreativmethoden für größere Gruppen. Daneben spielen zeitliche, räumliche und motorische Aspekte eine Rolle. Außerdem ist, wie bei allen Methoden für Gruppen über 10 Personen, der Aufwand für Vor- und Nachbereitung sowie Durchführung deutlich höher als bei den anderen hier vorgestellten Methoden.

BrainStation

Eine BrainStation-Session arbeitet mit mehreren Stationen, die die Teilnehmer gruppenweise nacheinander anlaufen. Dabei wird das Problem an jeder Station aus einer anderen Perspektive betrachtet oder eine andere Frage zur kreativen Beantwortung aufgestellt. Das Briefing, vielversprechende Perspektiven und Fragen in Form von Single Minded Propositions, müssen vorab herausgearbeitet werden – so wie bei jeder anderen Kreativ-Session auch. Außerdem sollte jede Station von einem Moderator für das jeweilige Briefing, die Erläuterung der Single Minded Proposition, die Sicherung der Ergebnisse sowie methodische Rückfragen betreut werden.

Sie können an allen Stationen die gleiche Methode anwenden – z. B. Brainwriting, Brainstorming, Morphologische Matrix, Mindmap, ... – oder an jeder Station eine andere. Wichtig bleibt, dass alle Ergebnisse dokumentiert werden und die Teilnehmer die jeweiligen Spielregeln kennen. Mit einer ungeübten Gesamtgruppe verbrauchen Sie daher erfahrungsgemäß relativ viel Zeit für die Vermittlung der Methodik und Basis-Spielregeln.

Als Stationen können die Ecken eines ausreichend großen Raumes oder, im Idealfall, verschiedene Räume genutzt werden. Zur Not ergeben die Enden eines langen Tisches auch schon mal zwei Stationen. Die Ausstattung der Stationen entspricht der jeweils gewählten Kreativmethode. Sie können die Ergebnisse auf Brainwriting-Bögen (siehe Abschnitt 4.2 in diesem Kapitel), Flipcharts oder Metaplanwänden festhalten.

Entweder startet jede Gruppe an jeder Station mit der jeweiligen Frage bei null, oder Sie stellen den nachfolgenden Gruppen alle Ergebnisse oder eine Auswahl der zuvor bearbeitenden Gruppe zur Verfügung.

BrainStation ist rundenbasiert: Sie geben den Gruppen Zeitkontingente für die Ideationen an den Stationen. Das können, je nach Anspruch an die Ergebnisse, zwischen 20 und 60 Minuten sein. Nach Ablauf der Zeit wechselt die Gruppe zur nächsten Station. Die Bewegung zwischen den Stationen, wie gesagt im Idealfall in verschiedenen Räumen, sorgt für eine Auflockerung, besonders, wenn die Stationen sich in unterschiedlichen Gebäudeteilen befinden.

Teilen Sie die Gesamtgruppe in Einheiten von je bis zu 5 Personen ein. Stimmen Sie die Anzahl der Stationen mit den vorher identifizierten Fragestellungen ab. Mit 30 Teilnehmern können Sie so zum Beispiel sechs Stationen bzw. Fragen gleichzeitig bearbeiten lassen und sind damit – mit Pausen – gut ca. 6 Stunden beschäftigt. Wechseln Sie anspruchsvolle und leichte Fragestellungen ab. Sorgen Sie für ausreichend Pausen, kreative Regeneration, Inspiration und Frische-Betankung.

Integrieren Sie z. B. manuelle, kreative Einheiten bzw. Stationen: Kneten, Malen, Basteln, Knobelaufgaben lösen, Singen, kleine artistische Aufgaben, Knoten machen für 15 bis 30 Minuten.

BrainStation

Frage A Frage B Frage C

1. Runde

fertig

Sprint: BrainRunning

BrainRunning ist die Hochgeschwindigkeits-Variante von BrainStation: Die Stationen werden laufend angesteuert ... na gut, man darf auch schnell gehen.

Sie können einen gesamten BrainStation-Zirkel als BrainRunning anlegen oder nur einzelne Stationen oder Einheiten davon. Ich habe mit Letzterem gute Erfahrungen gemacht. Mit einer kleinen Tempo-Einheit, etwa in der zweiten Hälfte eines 1-Tages-Workshops, bringen Sie Sauerstoff in die Köpfe der Teilnehmer. Dazu brauchen Sie noch ein paar Stationen mehr, die jedoch mit ganz einfachen Fragen ausgestattet sind. Die Teilnehmer bestimmen ihr Tempo individuell: Nach jeder geäußerten bzw. notierten Idee zu einer Frage wechseln sie zur nächsten Station und Frage. Sie können die Antworten auch bündeln: Nach jeweils 5 Ideen zu einer Frage darf zur nächsten Station gewechselt werden. Die Moderatoren treiben die Teilnehmer an und befeuern deren Fantasie mit Inspirationsfragen. Musik mit mindestens 120 bpm unterstützt den kreativen Flow. Jede Idee wird auf einem einzelnen Zettel notiert und von den Moderatoren zur Laufzeit eingesammelt und geclustert.

Eine BrainRunning-Sprint kann gut und gerne 30 Minuten dauern.

Die Ergebnisse sind wegen des Zeitdrucks häufig nicht so detailliert und ausgestaltet wie bei anderen Sessions, helfen aber, eine Fülle von weiterführenden Inspirationen und gedanklichen Verknüpfungen in sehr kurzer Zeit zu generieren. Nach der Brain-Running-Einheit werden die geclusterten Ergebnisse von allen Teilnehmern gesichtet – der Lohn für die Anstrengungen.

Gemach: World Café

Auch hier verrät der Name etwas über die ausgeübte Geschwindigkeit: Beim World Café geht es zwar gemächlich, aber sehr konzentriert zu. Ich stelle Ihnen zwei Varianten vor, die beide sehr gut funktionieren.

World:

Jeder Teilnehmer erhält aus einer Auswahl Single Minded Propositions eine, die er/ sie im aktuellen Zeitintervall alleine oder zu zweit bearbeiten wird. Die Teilnehmer bestimmen dabei ihr eigenes Tempo und steuern anschließend Inspirationsinseln an, die sich in einem Raum befinden können, aber nicht müssen. Die Inspirationsinseln, Kontinente oder Stationen sind im Idealfall jeweils kleine Themenwelten mit Liegestühlen, Luftmatratzen, Sonnenschirmen, Autoreifen oder einer Bar, also ungewöhnlichen Möglichkeiten, bei der Arbeit zu verweilen. Außerdem sind diese Stationen mit inspirierenden Materialien ausgestattet: Fotobücher, Videos, knappe Infotexte, historische Kataloge, technische Formelsammlungen, Postkartenbündeln, Lexika, ...

Im einfachsten Fall sind es einzeln gestellte kleine Tische, an denen man gemütlich allein, zu zweit oder zu dritt sitzen und fabulieren kann und die ebenfalls mit Inspirationsmaterial ausgestattet sind.

Wie eine Biene von Blüte zu Blüte wechseln Sie bzw. die Teilnehmer mit Ihrer Fragestellung zwischen den Inseln, lassen sich inspirieren und sammeln Ideen-Nektar auf. Auch hier hilft Musik, eine entspannende Atmosphäre zu erzeugen. Ein dergestaltes World Café kann gut und gern 60 bis 120 Minuten laufen und sorgt mit seinem Szenenwechsel für wertvolle Impuls.

Café:

Die kommunikative Betriebsamkeit der Wiener Caféhauskultur stand hier wohl Pate: Die Teilnehmer verteilen sich initial zu dritt oder viert an (Caféhaus-) Tischen in einem genügend großen Raum. An jedem Tisch gibt es eine kreative Fragestellung (SMP), die von den Teilnehmern zumeist in Form von Brainstorming bearbeitet wird.

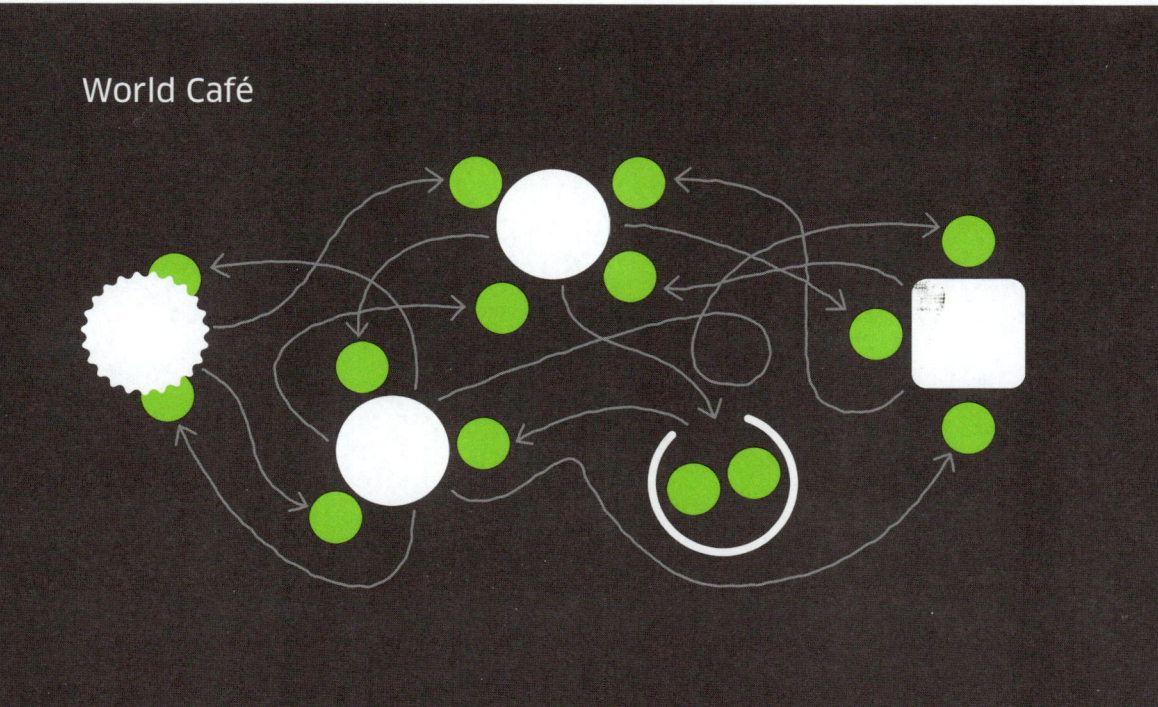

World Café

Nach einer gewissen Zeit, nach den ersten 20 Minuten zum Beispiel, darf jeweils ein Teilnehmer vom Tisch aufstehen und sich zu einem anderen Tisch setzen. Diese Wechselzeit wird im Folgenden stetig verkürzt und geht schließlich in ein freies Kontinuum über. Jeder Teilnehmer widmet sich dann solange einer Frage, wie ihm/ihr Ideen dazu einfallen. Die Ideen werden an jedem Tisch schriftlich bzw. in Form von Skizzen oder Mindmaps festgehalten und stehen so den neuen Besuchern zur Verfügung. Die Tische können auch mit Morphologischen Matrizen ausgestattet sein.

Guerilla

Wem der Vorbereitungsaufwand zu groß ist, verlegt die Stationen des World Cafés in ein großes Einkaufszentrum, einen Baumarkt oder in den Wald. Nutzen Sie die natürlichen Gegebenheiten und das abwechslungsreiche Umfeld als Alternative zu den Inspirationsinseln.

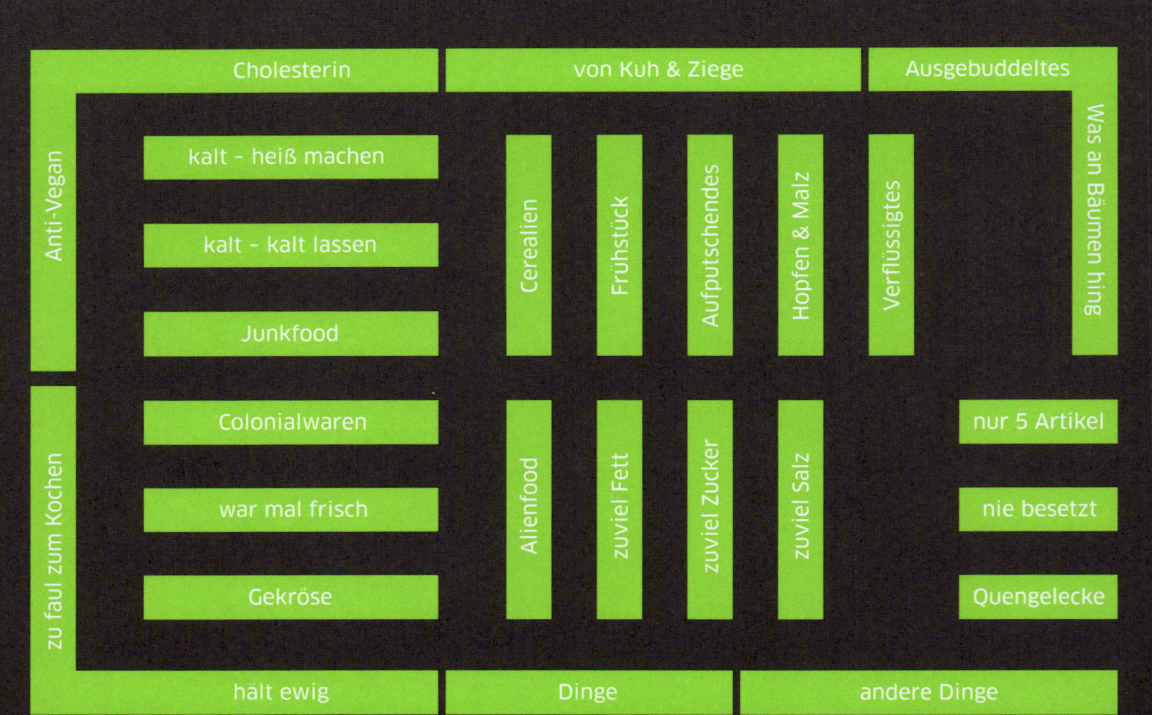

Pro, Contra, Tipps

Vorteil

BrainStations erfordern Vielfalt und erzeugen daher eine große Menge unterschiedlichster Perspektiven, Inspirationen und Ideen. Abwechslungsreiche BrainStations und kreativ ausgestaltete World Cafés sind Events, die neben den Ergebnissen lange in Erinnerung bleiben. Größter Vorteil: Sie können viele Menschen gleichzeitig in einen Ideenfindungsprozess involvieren.

Nachteil

Planung, Durchführung und Nachbearbeitung sind deutlich aufwändiger als alle anderen in diesem Buch vorgestellten Kreativmethoden. Sie benötigen neben den üblichen Arbeitsmaterialien zusätzliche Moderatoren, Räume, Gestaltungsmittel und teilweise Mobiliar. Insbesondere für unternehmerische und strategische Change-Prozesse, bei denen es weniger um konkrete Lösungen als um Lust auf Neues geht, ist dieser Aufwand jedoch mehr als gerechtfertigt.

Praktischer Hinweis

Planen Sie BrainStations, BrainRunnings und World Cafés mit den anderen Kreativmethoden und -techniken aus diesem Buch. Erarbeiten Sie Kern-Fragestellungen als Stars der Sessions und eine Reihe von inhaltlichen Nebendarstellern, die aber möglicherweise eine interessante Rolle spielen könnten.

4.10 Bodystorming & Pretotyping

- Teilnehmerzahl: Individuen, kleine Gruppe bis zu 5 Personen
- Zeitbedarf: einige Minuten bis mehrere Tage
- Material: reale Umgebung, Pretotyping-Toolkit
- Vorteil: meist geringer Aufwand, schnelle Einblicke
- Nachteil: ggf. schauspielerischer Mut erforderlich

Bodystorming

Stellen Sie sich vor, Sie wären ein Smartphone. Wie fühlt es sich an, den ganzen Tag in einer dunklen Hosentasche zu verbringen, um gelegentlich hervorgekramt oder fallen gelassen zu werden? Wünschen Sie sich ein Sicherungsseil oder einen Fallschirm?

Bodystorming beruht auf den direkten und unmittelbaren Erfahrungen, die man mit einer Idee macht. Sie setzen Ihren Körper aktiv und sehr bewusst ein, um in die Rolle eines Benutzers oder eines Gegenstandes zu schlüpfen. Sie betrachten – besser: erleben und begreifen – die Welt aus dessen Perspektive im realen oder möglichst realitätsnahen Umfeld.

Szenarios

Sammeln Sie Situationen, Orte und Umfelder, die im Kontext mit Ihrem Produkt oder Ihrer Dienstleistung auftreten und fassen Sie sie in Szenarios zusammen: Wo und wann wird es wie und von wem genutzt, gesehen, berührt, gestreift, an es gedacht, sich darüber informiert ...

Rollen

Identifizieren und definieren Sie anschließend Rollen, die Sie mit Bodystorming erleben wollen: Gegenstände, ein Detail, Benutzer, Interessenten, Rohstoffe, Hilfsmittel, Informationsmaterialien ...

Für das Bodystorming selbst können Sie sich z. B. in den Original-Verkaufsraum unter realen Bedingungen begeben oder diesen für einen ersten Eindruck mit Tischen,

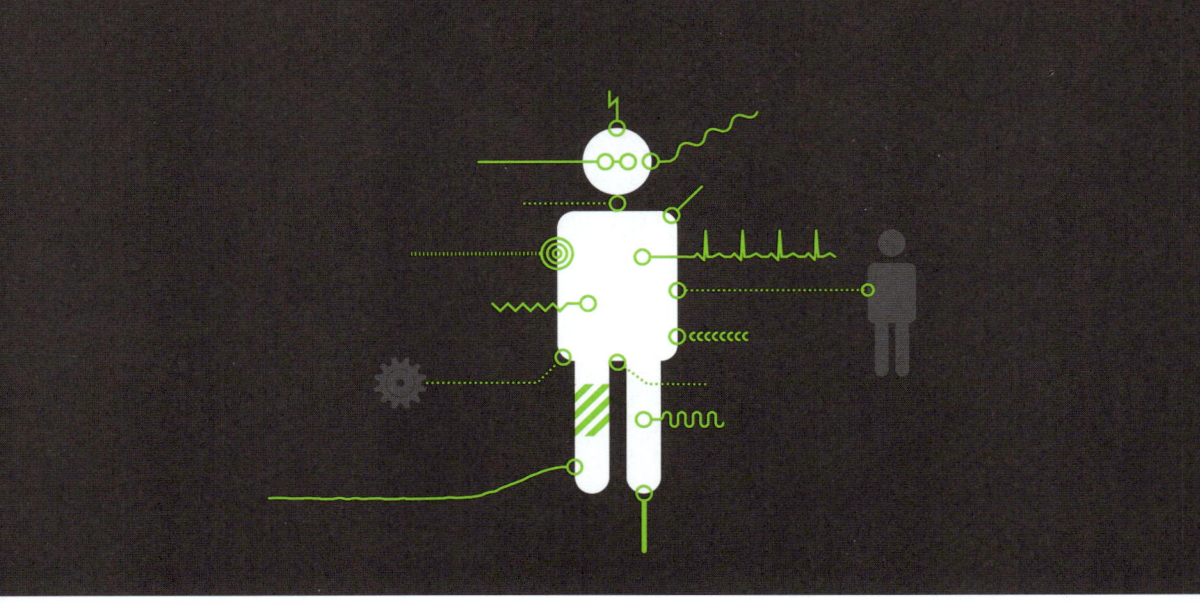

Stühlen und anderen Requisiten nachbilden – je genauer, desto besser. Wesentlich ist hier, dass Sie eine physische Kulisse haben oder schaffen, die mit dem Körper real erlebbar ist.

Bodystorming

Spielen Sie ausgewählte Rollen in ausgewählten Szenarios. Spüren Sie allen Sinneseindrücken, Gefühlen, Gedanken, Handlungen, Reaktionen und Begleiterscheinungen nach, die diese Rolle bzw. der Gegenstand mit sich bringt. Wenn es ein kleiner Gegenstand ist, machen Sie sich klein oder betrachten Sie Ihr Umfeld mit einer Lupe oder einem Mikroskop; wenn er sehr groß ist, stellen Sie sich auf eine Leiter oder benutzen Sie Stelzen. Tun Sie alles, um sich zu 100 % in die Rolle zu versetzen und sie zu leben. Spielen Sie Ihre Rolle gut!

Protokollieren Sie Ihre Erlebnisse, sagen Sie, was Sie gerade denken, fühlen, erleben: Wo tun sich Widerstände auf und warum, was ist erstaunlich leicht, wo stellen sich Fragen, was könnte geschmeidiger sein, wo sind Sie unsicher, warum und wie lange muss man wo warten – im direkten Erleben erhalten Sie Impulse und generieren Lösungsansätze und Ideen.

Pretotyping – wenn man schon so etwas wie eine Idee hat

Wenn Sie schon eine erste Idee oder einen Lösungsansatz zu einem bestehenden Problem haben, ist Pretotyping ein fantastisches Werkzeug, um zusätzliche Impulse zu generieren.

Ein Pretotyp ist die grobe Vorstufe eines Prototypen. Er hat einige Merkmale wie vielleicht Größe, Gewicht, ggf. Aussehen, vielleicht sogar ein bewegliches Teil, ist aber ansonsten völlig unfunktional. Denn alle weiteren Ideen sammeln und generieren Sie, indem Sie lediglich in Ihrer Imagination so tun, als würden Sie den Pretotyp in der beabsichtigten Weise benutzen. Das kann ein kleines Test-Zeitfenster, können aber auch Stunden, Tage oder Wochen sein: Verhalten Sie sich stets so, als würde der Pretotyp bereits funktionieren. Simulieren Sie dessen Verwendung oder Funktion: Unter welchen Umständen kommt er zum Einsatz, auf welchen Knopf muss man zuerst drücken, wie macht er auf sich aufmerksam, wann stört er, wo kommt er nachts hin, welche Messwerte liefert er ...?

Angenommen, Sie hätten 1985 die Idee zu einem tragbaren Telefon gehabt, welches Sie stets mit sich führen können. Dann wäre ein entsprechender Pretotyp dazu vielleicht zunächst lediglich ein kleines Stück Holz mit aufgemalter Tastatur, das in Jacken- und Hosentaschen passt, gewesen – und schnell wären Sie auf den Gedanken gekommen, dass allseits abgerundete Ecken und Kanten schon mal enorm hilfreich beim Hervorkramen und Verstauen des Telefons wären.

In der Software-Entwicklung skizzieren Sie mit ein paar Bleistiftstrichen auf Post-its eine App – dann bitten Sie jemanden, die App zu benutzen, während Sie selbst die eigentlichen Aufgaben der Software für den Probanden mit dem Verschieben von Zettelchen simulieren. Sowohl konzeptionelle Fehler als auch coole Features lassen sich auf diese Weise leicht entdecken.

Wie auch beim Bodystorming sammeln und generieren Sie Ideen über das (sich) Beobachten, Tun und Beschäftigen. Sie müssen nicht alles komplett von A-Z vorab fertig denken, delegieren Sie das ans Pretotyping.

Schnell: Lo-Tech

Ein großer Vorteil von Pretotypes sollte sein, dass sie schnell und billig gemacht sind – zur Orientierung: Es gibt immer auch den »1 € Prototypen«. Stecken Sie also so wenig Zeit und Aufwand in den Bau wie möglich – verwenden Sie Pappe, Klebstoff und Schere. Je aufwändiger der Pretotyp, desto verliebter sind Sie in ihn und halten an ihm fest. Lassen Sie das nicht zu. **Kill your darlings**.

Pro, Contra, Tipps

Vorteil

Sowohl Bodystorming als auch Pretotyping benötigen außer einem realistischen Umfeld nur wenig Aufwand. Im besten Fall können Sie in Ihrem echten Umfeld bodystormen und der Pretoytp ist mit ein wenig Klebe und Karton rasch gebaut.

Nachteil

Die Ansprüche an Ihre Imaginationsfähigkeit sind etwas anderer Art. Wer mit Schauspielerei oder Simulation von Handlungen Probleme hat, wird sich mit den beiden Methoden möglicherweise nicht so gut anfreunden. Außerdem benötigt man für beides häufig etwas mehr als Bleistift und Papier und oft auch mehr Zeit. Ein Einsatz, der jedoch von interessanten Einsichten belohnt wird.

Praktischer Hinweis

Planen Sie Bodystorming im Voraus, entwickeln Sie Szenarios und Rollen nicht erst in der Kreativsession – die sollten Sie intensiv kreativ nutzen.

Der Bau eines Pretotypen kann gut am Ende einer längeren Kreativsession stehen – die »Hausaufgabe« für die Teilnehmer besteht dann darin, den Pretotypen bis zur nächsten Session oder Auswertung aktiv zu benutzen.

Ein Pretotyping-Toolkit sieht ein wenig wie eine Kindergarten-Bastelkiste aus. Beliebte Werkzeuge und Materialien sind verschieden starke Pappen und Kartons, Bastelmaterialien, Foamboard, Schwämme, Pfeifenreiniger, Strohhalme, Folien, Filz, Holzstäbchen, einfache Haushaltsgegenstände, Stifte, Schnüre, Scheren und einfache Werkzeuge, verschiedene Arten von Klebstoff und Klebeband. Wertvolle Fundgruben für Pretotyping-Rohstoffe sind 1-Euro-Läden.

4.11 Brainswarming

Brainswarming ist eine noch recht junge Kreativmethode, die von Tony McCaffrey und Jim Pearson entwickelt wurde. Wie ein Schwarm entwerfen die Teilnehmer gemeinsam und sukzessiv eine Art Grafik.

Diese Grafik entsteht, indem ein Problem von zwei Seiten in die Zange genommen wird: oben das Ziel und unten die Ressourcen, dazwischen Lösungsansätze. Am Beispiel eines Kuchens: Als Ziel steht oben Kuchen backen, als Ressourcen unten Ihre Zutaten und Küchengeräte. Dazwischen, von unten ausgehend: alles, was Sie mit den Zutaten anstellen, um eine Kuchen zu bekommen und, von oben ausgehend: alles was sie tun könnten, um einen Kuchen zu bekommen.

So gehen Sie das Problem also gleichzeitig von einem Top-Down- und einem Bottom-up-Approach an, d. h. Sie haben das große Ganze und die Details im Blick.

Der kreative Haupttrick des Brainswarmings besteht jedoch darin, bestimmte Denksperren bewusst und aktiv zu überlisten. Drei dieser Sperren sind die funktionale Fixierung, die Designfixierung und die Zielfixierung.

Fixierungen

Funktionale Fixierung

Wir nehmen Dinge meist nur als das wahr, als was wir sie kennen, mit genau der einen spezifischen Funktion: Ein Bügeleisen glättet Wäsche. Unser Bewusstsein sieht in den Dingen nämlich immer nur das, was gelernt und für die jeweilige Situation und den Kontext notwendig ist – Irrelevantes wird ausgeblendet und findet in unserem

Kopf nicht statt. Um durch den Alltag zu kommen, ist das enorm hilfreich, aber es kappt den Blick für Neues, Abwegiges und eben Kreatives.

Die funktionale Fixierung lässt sich allerdings ziemlich leicht austricksen: Definieren Sie ein Objekt einfach mal auf eine andere Art und Weise, ersetzen Sie dabei spezifische durch allgemeinere Begriffe und umgekehrt oder verwenden Sie Synonyme. Zerlegen Sie es in seine Elemente, die Sie ebenfalls alternativ oder beschreibend benennen. Mit unserer Sprache und Begrifflichkeit implizieren wir nämlich meist eine bestimmte Verwendung oder Funktion und schließen alle anderen damit automatisch aus.

Ein Bügeleisen ist zum Beispiel auch eine flache Wärmequelle, also kann man damit eine Mahlzeit erhitzen; ein Kerzendocht ist auch eine Schnur, mit der man Dinge zusammenbinden kann – wenn man das Wachs mit dem Bügeleisen erst mal abgeschmolzen hat. Ein Löffel ist eine kleine Schüssel am Stiel, ein Buch ein Stapel miteinander verbundenen Papiers und ein Baum ist ein natürlicher Pfosten.

Lösen Sie sich mit Sprache aus dem Kontext, aus der funktionalen Fixierung.

Designfixierung

Bei Entwicklungsaufträgen hält man zu oft an bereits vorhandenen Produkten und Designs fest und bewegt sich nur minimal davon weg: eine kleine Materialvariation hier, eine Größenänderung da – aber die wirklich interessanten Innovationen entstehen nur dort, wo Sie Eigenschaften ändern, an die bisher eben niemand gedacht hat.

Lösen Sie die Designfixierung mit einer Liste sämtlicher Eigenschaften Ihres Produktes auf – denken Sie an vorher-nebenher-nachher, wer, wann, was, wo, wie, warum-und-warum-nicht, Größe, Material, Form, Bestandteile, schauen Sie auf 360°: oben, unten, vorne, hinten, und beziehen Sie dabei alle Sinne ein ... Die Seiten eines Buches sind an einer Seite miteinander verbunden, ein Handy hat meistens keinen Hohlraum, ein Cabrio ist nur nach einer Seite offen ... Identifizieren Sie alle möglichen Merkmale und lassen Sie sich davon weiter inspirieren.

Peilen Sie eine Sammlung von gut 100 Eigenschaften an – dann sind sicher welche dabei, die andere auch nicht auf dem Schirm haben. Um diese übersehenen Eigenschaften zu entdecken, nutzen Sie z. B. Kreativtechniken: Sie erweitern ihre Blickrichtungen und geben Impulse, anders über Dinge nachzudenken. Beim systematischen Umgang mit der Liste hilft Ihnen die morphologische Matrix, Mindmapping, Brainwriting und Brainswarming.

Zielfixierung

Auch hier ist wieder die Sprache die schärfste Schere, die Ideen abschneidet, abklemmt, kappt, abtrennt. Denn je nachdem, wie Sie eine Aufgabe formulieren, sieht auch Ihre Suche nach Lösungen aus: Wer »abschneiden« sagt, übersieht Lösungen, die abklemmen, abquetschen, abschmelzen, abrasieren, abtöten, abraspeln, abschleifen, abhobeln, weglasern, verbrennen, erodieren, ... Und wer kann schon sagen, ob eines der genannten alternativen Mittel nicht besser zum Ziel führen würde?

Schauen Sie sich also Ihre kreative Zielrichtung bzw. die Formulierung der Aufgabe genau an und setzen Sie Synonyme, Hyponyme (Unterbegriffe) und Überbegriffe für das Verb ein – das führt Sie sofort zu neuen Konzepten und Funktionen.

Das gilt übrigens auch für Substantive: Ersetzen Sie sie durch Überbegriffe und erweitern Sie so Ihre spezifische Fragestellung rein sprachlich zu einem größeren Suchfeld mit viel mehr Lösungsmöglichkeiten. Aus Fahrrad wird Fortbewegungsmittel mit Muskelkraft, aus Messer Trennungswerkzeug, aus Kugelschreiber wird Schreibwerkzeug oder noch eine Stufe abstrakter Markierungswerkzeug. Bei *www.openthesaurus.de*, *synonyme.woxikon.de* oder *www.canoo.net* finden Sie solche Begriffe.

Swarming

Nachdem die kreative Aufgabe gestellt und als Ziel oben notiert ist, werden die Ressourcen identifiziert und unten festgehalten. Sowohl das Ziel als auch die Ressourcen können vorab definiert und in die Session mitgebracht werden. Wichtig: Informieren Sie das Team über die drei Fixierungen auf und erklären Sie, wie diese Fixierungen umgangen werden. Ziele lassen sich sprachlich auflösen, Ressourcen unterliegen häufig Design- und funktionalen Fixierungen.

Nun beginnt das Swarming: Jeder Teilnehmer entwickelt individuell Ideen, Varianten und Eigenschaften von der Ziel-Seite oder von der Ressourcen-Seite aus. Jeder Im-

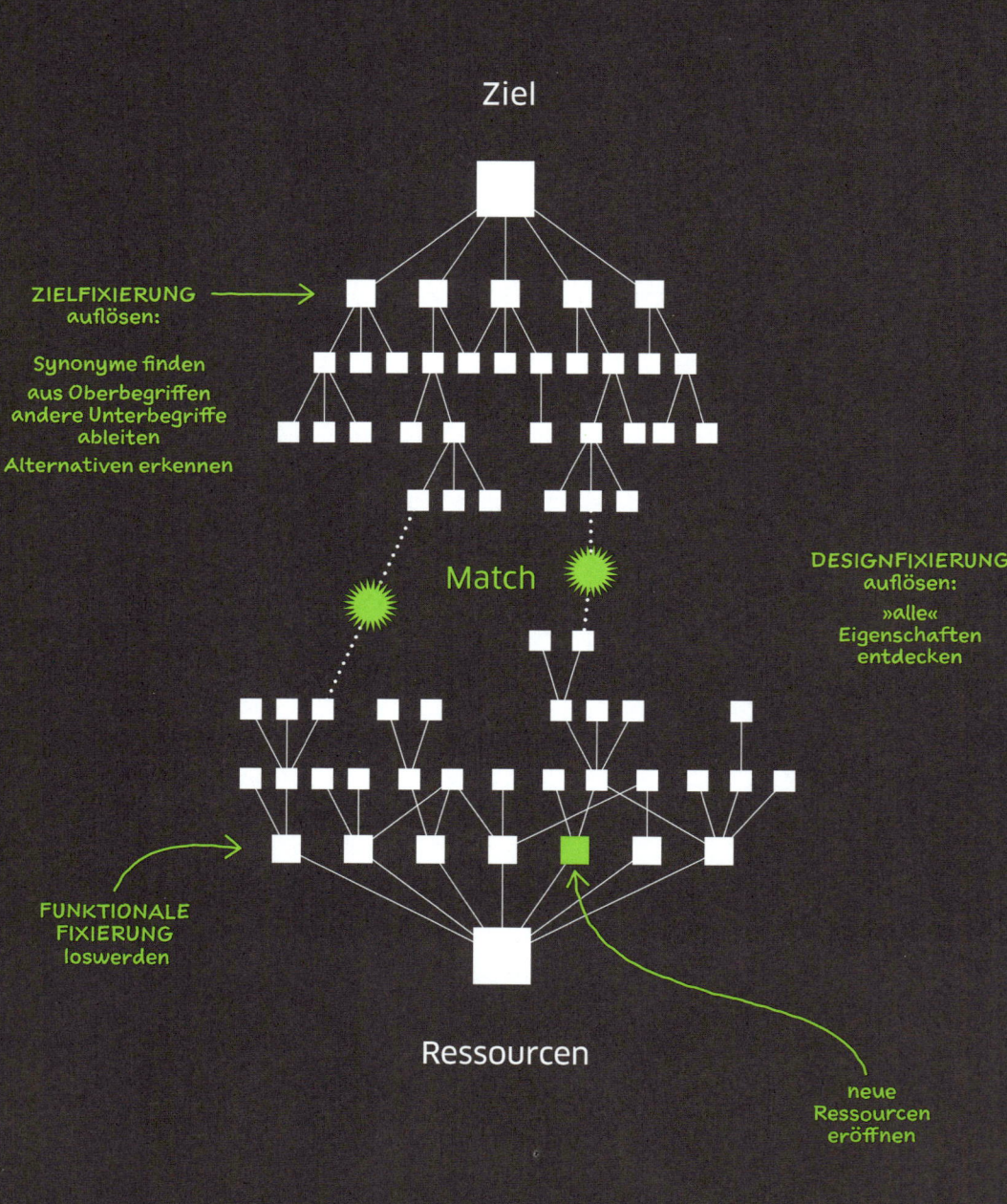

Ziel

ZIELFIXIERUNG
auflösen:

Synonyme finden

aus Oberbegriffen
andere Unterbegriffe
ableiten

Alternativen erkennen

Match

DESIGNFIXIERUNG
auflösen:
»alle«
Eigenschaften
entdecken

FUNKTIONALE
FIXIERUNG
loswerden

Ressourcen

neue
Ressourcen
eröffnen

puls wird jeweils auf einem Post-it notiert oder skizziert und anschließend an eine entsprechende Stelle auf der Metaplanwand geklebt.

Post-its dürfen und sollen verschoben, gruppiert oder als Impulse für weitere Ideen genutzt werden, neue Ressourcen und Eigenschaften sind mehr als willkommen, Neu- und Umformulierungen des Ziels und die Ableitungen daraus sind wesentliche kreative Effekte des Brainswarmings: Ziel und Ressourcen wachsen zu kreativen Lösungen zusammen.

Jeder arbeitet in seinem eigenen Tempo: nachdenken, Ideen notieren, skizzieren, positionieren, umkleben, gruppieren, aufteilen, sich von anderen inspirieren lassen – so entwickeln sich Ideen und Lösungswege direkt auf der Metaplanwand, die gleichzeitig als Protokoll dient.

Pro, Contra, Tipps

Vorteil

Jeder arbeitet mit seinem eigenen Kreativtempo und kann sich dem großen Ganzen und/oder den Details widmen. Weil alle Teilnehmer gleichzeitig arbeiten, entstehen viele Ideen. Die Impulse sind auf Post-its zwangsläufig kurz und knapp, und das Protokoll entsteht direkt vor unseren Augen. Wie auch andere schriftliche Kreativmethoden ist Brainswarming ziemlich immun gegen vorlaute, extrovertierte oder den Einfluss hierarchisch höherstehender Alphatiere.

Nachteil

Die Teilnehmer müssen die Fixierungen und deren Gegenmittel kennen und anwenden können. Machen Sie ggf. am Anfang einen kleinen Exkurs zur Erläuterung.

Praktische Tipps

Statt einer Metaplanwand in der Vertikalen eignet sich auch ein großer Tisch in der Horizontalen oder mit Cloud-Dokumenten in der Virtualen. Post-its sorgen für die komprimierte Darstellung einer Idee. Sie können die Brainswarming-Session auch über mehrere Tage laufen lassen: Die Grafik bleibt einfach hängen, Teilnehmer sind dann nicht an den zeitlichen Tagesrahmen gebunden, weitere Ideen entstehen ggf. erst beim drüber Schlafen, und mit Cloud-Dokumenten können Sie sogar verteilte Teams daran arbeiten lassen.

5 Kreativtechniken

5.1 Kreativtechniken

Im vorherigen Kapitel ging es um praktische Vorgehensweisen, die bei Organisation und Ablauf der Ideenfindung sehr hilfreich sind: Kreativmethoden. Mit ihnen allein kann man schon deutlich produktiver und effizienter kreativ sein. Doch obwohl sie uns strukturiert über unglaublich viele Aspekte unserer Arbeit und unserer Aufgaben nachdenken lassen und systematisch extrem weit herumführen können, ändern sie doch wenig an der Art, wie wir über die Dinge denken und nachdenken. Und hier kommen die Kreativtechniken ins Spiel.

Kreativtechniken sind universelle Denkprinzipien, die uns anregen, komplett anders, ungewohnt, abwegig oder neu über die uns umgebenden Dinge oder die Parameter unserer Probleme nachzudenken. »Kombinieren«, »Gegenteil« und »Weglassen« sind solche Prinzipien. Sie erweitern unser individuelles Repertoire an Denkmustern und erhöhen damit unsere Möglichkeiten des kreativen Outputs. **Kreativtechniken sind Denkzeuge,** und sie funktionieren an jedem Punkt der Ideenfindung und Ideenausarbeitung und mit jeder Kreativmethode.

Interessanterweise führen unterschiedliche Kreativtechniken manchmal zu sehr ähnlichen oder sogar gleichen Ideen. Das liegt einfach daran, dass eine Ausprägung gleichzeitig der Extremwert einer anderen Ausprägung sein kann. Beispiel: Wenn es um die Anzahl der Borsten auf einer Zahnbürste geht: Das Gegenteil von »viele Borsten« ist »wenig Borsten« bzw. »eine« oder sogar »keine«, was gleichzeitig der Extremwert von Eliminieren ist. Dass sich Ergebnisse ähneln, macht aber gar nichts, denn es geht ja um den kreativen Output an sich.

Die im Folgenden beschriebenen Kreativtechniken sind nahezu universell einsetzbar. Mit ihnen kann man Produkte, Designs und Dienstleistungen entwickeln, technische, soziale, sprachliche und naturwissenschaftliche Herausforderungen bearbeiten oder einfach nur Alltagsprobleme lösen. Einige Denkzeuge eignen sich besonders gut für technische Probleme, andere wiederum für geisteswissenschaftliche Aufgaben oder gestalterische Fragestellungen. Aber immer werden Sie mit der Anwendung der Denktechnik zu interessanten und vor allem neuen Inspirationen, Einsichten, Ansichten und Ideen kommen.

5.2 Kombinieren

Die einfachste, mächtigste und am weitesten verbreitete Kreativtechnik ist wahrscheinlich das Kombinieren. In unserem Alltag begegnen uns tausendfach Kombinations-Produkte. Beginnen wir den Tag mit dem Frühstück: Ich trinke einen Milchkaffee, dazu gibt's Erdbeer-Mango-Marmelade auf einem Dinkel-Hafer-Brötchen, das außerdem mit Butter, die zur Hälfte aus pflanzlichen Fetten besteht, bestrichen ist. Hatte ich erwähnt, dass ich das Zeug vorher aus der Kühl-Gefrierkombination genommen habe? Anschließend putze ich mir die Zähne, wobei ich effizient multitaske und sechs Dinge gleichzeitig erledige: Plaque, Mundgeruch und Verfärbungen beseitigen und außerdem Zahnstein, Karies und Zahnfleischproblemen vorbeugen.

Kombinationen können nicht nur aus zwei ursprünglich getrennt auftretenden Bestandteilen bestehen, sondern auch aus drei, vier, fünf, sechs oder noch weiteren, wie es das Schweizer-Taschenmesser-Prinzip vormacht. Es kann aber auch eine Multiplikation sein, wie Nassrasierer mit jährlich einer weiteren Klinge beweisen. Kombinieren ist mittlerweile so allgegenwärtig, dass es uns oftmals nur noch bei sehr ungewöhnlichen Produktkombis auffällt.

Neue Dinge lassen sich auch aus der Anwendung oder Kombination bestimmter Eigenschaften, Herstellungs- oder Bearbeitungsprozesse, Aussehen, Formen, Farben, Funktionen, Verwendungskontexten, Gerüchen auf das jeweils andere Objekt generieren. Halten Sie einfach nur mal zwei Objekte nebeneinander und fabulieren Sie daraus etwas Neues.

Kombinieren ist eine starke, extrem vielseitige, sehr produktive, effektive und noch dazu leicht anwendbare Kreativtechnik.

So geht's:

1+1

Kombinationen lassen sich aus zwei direkt miteinander zu verbindenden Bestandteilen herstellen, die beide vollständig enthalten sind. Sie verändern nichts oder nur wenig, um die Komponenten zusammenzubringen – das sind die bekannten 2-in-1-Produkte, so wie bei der Erdbeer-Mango-Marmelade, Göffel – also Gabel + Löffel, Shampoo und Spülung, Pedelecs oder Hybrid-Autos.

1:10

Interessanter wird es, wenn man nur Teile, bestimmte Eigenschaften, besondere oder typische Merkmale, das Aussehen, eine Herstellungstechnik oder andere Details verwendet und diese mit dem anderen Objekt zu etwas Neuem verbindet: Barbecue-Saucen mit Whisky-Aroma, Intel inside, Gore-Tex oder das wasserdichte Smartphone. Fußball und Rasen: ein Ball aus Rasen.

10:1

Richtig gut: Kombinieren funktioniert immer auch in beide Richtungen. Jedes Merkmal lässt sich gegenseitig anwenden: Whiskey mit Tomaten-Aroma, Dell outside, wenn Gore-Tex eigene Kleidung machen würde oder ein Wassersportobjekt Kommunikationseigenschaften aufweist. Fußball und Rasen: Der Platz besteht aus kleinen Leder-Segmenten.

1+Z

Je weniger die kombinierten Bereiche miteinander zu tun haben und je weiter sie inhaltlich auseinanderliegen, desto widersprüchlicher und absurder, aber auch spannender werden in der Regel die Ergebnisse. Verlassen Sie auf der Suche nach Kombinationsmöglichkeiten Ihre angestammten Bereiche. Suchen Sie branchenfern: Wenn Sie aus dem Lebensmittelbereich kommen, suchen Sie in der Touristik, Maschinenbau im Lifestyle, Gesundheitswesen in der Möbelindustrie, Bekleidung in der IT, …

Moke: Mower-Bike

1+1+1

Was mit zwei Elementen funktioniert, geht auch mit drei, vier und mehr. Bringen Sie entweder alle Einzelelemente bzw. -eigenschaften in Ihrem neuen Produkt unter, oder ordnen Sie sie zu einer Produktpalette mit diversen Ausprägungen.

Do-it-yourself

In welcher Branche sind Sie aktiv?

In welcher nicht?

Warum nicht?

Kopfkino: Kombinieren Sie Ihr Produkt mit anderen Branchen – Maschinenbau, Energie, Lebensmittel, Mode, Freizeit, Kosmetik, Tourismus, Politik ...

Welche wesentlichen Merkmale weist Ihr Produkt/Ihre Dienstleitung auf?

Welche wesentlichen Merkmale weisen andere Objekte/Produkte/Services (OPS) auf?

Wie sehen Kombinationen und Teilkombinationen davon aus?

Und umgekehrt?

Welche Eigenschaften Ihres Objekts/Produkts/Services lassen sich auf andere OPS übertragen?

In welchem Kontext bekommt Ihr Objekt eine (völlig?) andere Bedeutung?

Womit können Sie Ihr Objekt oder Teile davon kombinieren?

5.3 Zerlegen und Zusammensetzen

Eine große Hilfe beim Ideenfinden ist das Zerlegen. Teilen Sie Ihr Thema, Ihr Produkt oder Ihre Dienstleistung in kleinere Teile, Abschnitte oder Elemente auf. Denn die Frage nach der einen großen, alles verändernden Erfindung setzt ja auch unter Druck, und man weiß oft nicht, wo man anfangen soll. Über das Zerlegen nähern Sie sich systematisch, inkrementell und überschaubar Ihrer Innovation.

Zerlegen

Zerlegen ist dabei nicht nur mechanisch gemeint: Denken Sie an funktionale, technische, gestalterische, konzeptionelle, zeitliche, organisatorische, ökologische, materielle, ... Aspekte. Alles, was darin eine Rolle spielt, nur nebensächlich oder lediglich im Umfeld auftaucht, kann in kleinere Teile gesplittet und dann kreativ verarbeitet werden.

Also: Zerlegen Sie Ihr Ding erst mal komplett. Was ist innen, außen, elektronisch, mechanisch, automatisch, manuell, analog, digital, basic, feature, robust, empfindlich, oben, unten, teuer, günstig, leicht, schwer, einfach, komplex, bunt, farblos, monochrom, dick, dünn ... Was kommt zuerst, was zuletzt, was dazwischen, was ist essentiell, was verzichtbar, was überflüssig, ... Schauen Sie auf Form, Farbe, Funktionen, Material, Geruch, Geschlecht, Aussehen, Grundstoffe, Oberflächenbeschaffenheit, Reihenfolge, Umfeld, Anwendungs- und Nebenfelder, Benutzungsabsichten, Verpackungen, Aggregatzustand, Zielgruppe ... Was und wie können Sie Ihr Ding in Abschnitte, Einheiten, Elemente zerlegen? Kopfkino an: Aus welchen Teilen besteht ein Haus, ein Auto, eine Brille, ein Teebeutel?

Entdecken Sie auch neue Kategorien: Kuscheligkeitsaspekt, Kompostierbarkeit, Mobilität, Want-to-use-again-Faktor, Eignung als Spielzeug, Office-Tauglichkeit, ...

Zusammensetzen

Anschließend setzen Sie Ihr Ding auf ganz neue Art wieder zusammen: Ersetzen Sie das eine oder andere Teil durch etwas Vergleichbares, lassen Sie etwas ganz weg, fügen Sie etwas Neues hinzu, vereinen Sie zwei Aufgaben in einer Lösung, ...

Organisatorische Hilfen sind hier das Mindmapping (siehe Kapitel 4, Abschnitt 4.3) und die Morphologische Matrix (siehe Kapitel 4, Abschnitt 4.4) hin.

Zerlegen Sie Ihr Ding gedanklich oder tatsächlich in mechanische oder technische Einheiten.

Welche Einheiten, Baugruppen, Module, Elemente, Teile, Aspekte können Sie bilden?

Welche sind möglicherweise vorhanden, aber verborgen?

Welche gibt es in Ihrem Ding nicht?

Warum nicht?

Was wäre, wenn sie zugefügt würden oder etwas anders ersetzen würden?

In welche organisatorischen, konzeptionellen, prozessualen Teile lässt es sich zerlegen?

Welche Design-Bestandteile gibt es?

Welche funktionalen Elemente gibt es?

Wer benötigt diese Teile noch?

Kann es auch in anderer Reihenfolge wieder zusammengesetzt werden?

Würden Sie es exakt genauso wieder zusammensetzen?

Was würden Sie ändern, wenn Sie gezwungen wären, irgendetwas zu ändern?

Welche Teile kann man durch etwas anderes ersetzen?

Welche Teile könnte man weglassen?

Wovon ist Ihr Ding ein Teil, bzw. wovon könnte es ein Teil sein?

5.4 Umkehren

Das Umkehren, auch Kopfstandmethode, Gegenteil- oder 180°-Technik genannt, ist fast genauso einfach anzuwenden wie das Kombinieren. Wie der Name schon andeutet, geht es hier darum, gewohnte Funktionen, Wirkungen, Abläufe, Reihenfolgen, Erwartungen, Materialeigenschaften, Absichten, Perspektiven oder Handlungsmuster ins Gegenteil zu kehren. Das Bekannte durch etwas Fremdes zu ersetzen, Fehler als Features zu feiern, Nachteile als Vorteile und umgekehrt anzusehen, die Temperatur zu erhöhen statt zu senken, Härte und Widerstandsfähigkeit durch Weichheit und Nachgiebigkeit zu ersetzen, Wichtiges unwichtig werden zu lassen und das Unwichtige bedeutend.

Dabei ist es immer lohnend, eine ursprüngliche Problemlösung auf mögliche formale, konzeptionelle, funktionale, materielle oder sonstige Kontraste hin abzuklopfen. Fast ausnahmslos gibt es etwas umzukehren oder zu tauschen. Denken Sie an Autowaschanlagen: Ganz früher kam der Tankwart mit Wischlappen und Eimer ans Auto – heute wird es unter wabernden Waschlappen hindurchgezogen.

Falls einem dennoch nichts einfällt, dann muss eben etwas an den Haaren herbeigezogen werden, was erst recht interessant wird. Dazu können Sie gut einen Ausflug in die Synektik machen oder eine Mindmap oder morphologische Matrix bauen: Zerlegen Sie zunächst Ihr Problem/Projekt/Ding und schauen Sie sich dann seine Einzelteile in Ruhe an.

Das Umkehren umkehren

Nicht immer führt das Umkehren auf direktem Weg zu einer produktiven Idee, sondern zunächst nur zu dem Gegenteil von dem, was man eigentlich beabsichtigt. Doch selbst das ist produktiv, denn: Folgt man diesem Gedanken konsequent, erhält man trotzdem eine Menge Inspirationen und Anregungen zu Dingen, die man ja eigentlich vermeiden will. Supersache das, kann ich da nur sagen: Denn damit hat man eine Zusammenstellung von Eigenschaften und Faktoren, die (im Allgemeinen oder nur hier) zu meiden sind oder von denen man einfach nur wiederum ein **anderes Gegenteil** tun muss, um daraus ein gewünschtes Ergebnis zu erhalten.

Ein Beispiel aus dem Service-Design: Wartezeit – »Was kann ich unternehmen, um meinen Kunden die Wartezeit kürzer erscheinen zu lassen?« Zum Gegenteil – »Was muss ich unternehmen, um meinen Kunden die Wartezeit so lang, enervierend oder öde wie nur möglich scheinen zu lassen?« –fallen Ihnen sicher hunderttausend Möglichkeiten ein, die Hälfte davon aus eigener Erfahrung als Kunde irgendwo anders:

lange stehend ohne Möglichkeit sich von der Stelle zu bewegen, mit intransparenter Reihenfolge, unklarem dran-kommen-Zeitpunkt, man weiß auch nicht, ob oder wo man sich ggf. anstellen oder anmelden muss, in einem sterilen Raum ohne Zeitschriften und Handynetz bzw. WLAN, ... Wenn Sie nun von all dem das Gegenteil andenken, werden die Anregungen und To-dos klarer.

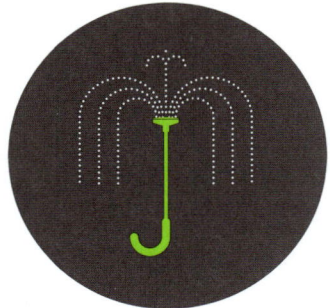

Extreme Umkehr

Auch das Belassen der extremen »Umkehr« ist eine effektive Kreativtechnik: Konstruieren Sie erstklassige Tabubrüche, machen Sie alles anders als »man« es macht, kehren Sie allen Konventionen den Rücken, kratzen Sie die Farbe von alten Bildern, um neue Gemälde zu kreieren, reißen Sie ein Hochhaus ab, bis es aus nur noch einem Stockwerk besteht, reduzieren Sie einen Text, bis er nur noch aus einer Schlagzeile besteht, wie viele Pflanzen gehören in einen Garten, wie gemütlich muss ein Sofa sein. Denn schließlich: Das Gegenteil von »gut« kann auch »Wow!« oder »OMG« sein.

Formal

Oben-unten, vorne-hinten, schnell-langsam, heiß-kalt, vorher-nachher, früher-später, wenig-viel, alles-nichts, schwarz-weiß, sichtbar-unsichtbar, groß-klein, positiv-negativ, billig-teuer, trocken-nass, nah-fern, kross-labbrig, hart-weich, ...

Konzeptionell

Ursache-Wirkung, Edukt-Produkt, Input-Output, Weg-Ziel, analog-digital, Vergangenheit-Gegenwart-Zukunft, Lehrer-Schüler, Insider-Outsider, Bewegung-Stillstand, Objekt-Subjekt, tun-lassen, Liebe-Hass, aufwändig-einfach, komplex-simpel, global-lokal, Freiheit-Fesselung, ...

Technik

Hier gibt es je nach aktuellem Standpunkt sehr unterschiedliche Gegenteile. Welche passen zu Ihrem Ding, welche nicht, warum nicht – warum doch?

Länge, Gewicht, Fläche, Volumen, Kraft, Geschwindigkeit, Druck, Stabilität, Temperatur, Energie, Leistung, Materialeigenschaften, Kopplung, Verschachtelung, Schwingungen, Kontinuität, Homogenität, ...

ERDBEEREN MIT KONDOM-AROMA

Do-it-yourself

Machen Sie das Gegenteil von dem, was Sie sonst (immer?) machen.

In welche Teile lässt sich Ihr Ding zerlegen?

Inhaltlich, konzeptionell, formal, technisch, zeitlich?

Welche üblichen Ding-Eigenschaften lassen sich umkehren?

Welche rein technischen oder formalen Parameter lassen sich umkehren?

Welche nicht?

Warum nicht – warum doch – versuchen Sie es! Benutzen Sie Ihr Kopfkino.

Was gibt es in Ihrem Ding normalerweise nicht? Warum nicht?

Was kann man an Ihrem Ding nicht weglassen? Warum nicht?

Wenn man es nicht weglassen kann, durch was kann man es zumindest ersetzen?

5.5 Eliminieren

Wie wäre es, wenn Sie ein Merkmal Ihres Produktes oder Ihrer Dienstleistung weglie-ßen – radikal: ein wesentliches, oder weniger radikal: ein nebensächliches? Eliminie-ren ist eine leicht anzuwendende Kreativtechnik und liefert interessante Ergebnisse.

Starten Sie das Gedankenexperiment mit »was wäre, wenn man x wegließe?«. Dann fallen Ihnen wahrscheinlich zunächst hundert Gründe ein, warum das eine schlechte Idee ist, weil dieses Teil wichtig oder jene Funktion essentiell ist. Aber es finden sich auch immer Gründe, warum das Entfernen oder Weglassen eine gute Idee ist: Das Teil war wartungsanfällig, ist teuer, umweltschädlich, wurde selten genutzt, und: haben alle anderen auch, …

Anschließend schalten Sie Ihren Reality-Check aus und stellen sich vor, dass »irgend-etwas anderes« die Aufgabe übernimmt oder sie schlicht wegfällt: Wenn ein Auto keine Reifen mehr hat, dann muss es wohl über den Boden schweben oder rutschen. Wenn ein Weihnachtsbaum keinen Baum mehr enthält, dann könnte er wohl aus ei-nem regenschirmartigen Gegenstand aus Textil sein, aus kegelförmig aufgeschichte-ten Zweigen bestehen, die Kugeln und Kerzen könnten von der Decke hängen, auf Ständern auf dem Boden stehen oder in so großer Vielzahl miteinander verbunden sein, dass man den Baum ohnehin nicht mehr sehen würde.

Im Alltag der Ideenfindung werden Sie sich oft dabei ertappen, über einen Ersatz nachzudenken – versuchen Sie konsequent Teile, Elemente oder Wesentliches aus Ihrem Produkt herauszudenken.

Denn: Um alles, was man entfernt, muss man sich später keine Gedanken mehr machen.

Punktuell oder Striptease

Generell können Sie beim Eliminieren mit Ihren Kopfkino punktuell oder sukzessiv vorgehen.

Punktuell: Sie lassen in jedem Gedankenexperiment nacheinander immer nur ein ein-zelnes Element einmal weg und schauen, welche Inspirationen und Anregungen sich daraus ergeben. Beim Auto: einzelne oder alle Reifen, Fenster, Dach, Sitze, Koffer-raum, Motor, Lenkrad, …

Sukzessiv: Sie reduzieren Element für Element, bis schließlich nur noch eins oder gar keins mehr vorhanden ist – das Striptease-Prinzip. Noch einmal das Auto: einzelne

Räder, Sitz-für-Sitz, Fenster für Fenster, ... Sie dürfen übrigens auch wieder Teile zurücklegen.

Mit jedem einzelnen Schritt der Elimination entstehen neue Ideen und Inspirationen.

Häufig ist es ein Detail, die ein Ding/Objekt/Produkt/Service durch seine Abwesenheit spannend macht, zum Nachdenken anregt oder irritiert: Plüschtiere ohne Plüsch, Limonade ohne Zucker, Bier ohne Alkohol.

Den großen Wurf macht man mit radikalem Weglassen: Skateboards ohne Rollen sind Hoverboards, Autos ohne Benzin, Telefone ohne Kabel, Vertrag oder Provider, Websites ohne Programmierkenntnisse, ...

Eliminieren oder doch nur Ersetzen

Einigermaßen eng verwandt ist das Eliminieren mit dem Ersetzen: Wenn ich den Zucker aus einem Bonbon eliminiere, ersetze ich ihn in der Regel durch einen Zuckeraustauschstoff. Ersetzen und Eliminieren sind Extremwerte voneinander: Eliminieren ist Ersetzen durch »nichts«. Ersetzen ist Eliminieren durch »etwas, das in bestimmten Eigenschaften abweicht«.

Faktische Elimination

Bei echter Elimination gibt es keinen Ersatz, kein anderes Ding übernimmt konzeptionelle, technische, oder ästhetische Funktionen, der Platz bleibt leer. Hier fehlt dann tatsächlich etwas, und das hat reale Auswirkungen auf die physische Welt: Koffeinfreier Kaffee macht nun mal nicht wach, und lasse ich eine Verpackung weg, dann liegt mein Produkt nackt oder lose in der Welt herum.

Reduce to the max

Ein interessantes Extrem ist »Reduce to the max«. Heißt: so viel wie nur irgend möglich wegnehmen. Dieses im Design beliebte Prinzip lässt sich auch leicht auf andere Bereiche anwenden: so wenig wie möglich, nur so viel wie gerade nötig. Am Ende bleibt nur der innerste Kern Ihres Produkts oder Ihrer Dienstleistung übrig. Daraus entstehen häufig die besten konzeptionellen Gedankenansätze. Von einem bis auf das Wesentliche reduzierten Ding lassen sich leichter ganz neue Produkte und Dienstleistungen entwickeln, weil man, befreit vom ganzen »üblichen« Feature-Ballast, neu denken kann.

Do-it-yourself

Zerlegen Sie Ihr Produkt bzw. Ihre Dienstleistung in Elemente.

Was ist das wichtigste Element? Warum?

Was ist das zweitwichtigste Element?

Was passiert, wenn Sie eines davon weglassen?

Welches ist das unwichtigste Element? Warum?

Welches Element ist unverzichtbar? Warum?

Was passiert, wenn es ersatzlos fehlt?

Wie ließe es sich doch weglassen?

Wodurch ließe es sich ersetzen?

Was ist essentiell, was nur nice-to-have?

Welche Auswirkung hat das Fehlen in einer Fantasiewelt?

Auf welche Elemente könnte man am ehesten verzichten?

Wie reagieren die übrigen Elemente auf das Fehlen?

5.6 Ersetzen

Das Ersetzen ist eine ähnlich effektive Technik wie das Kombinieren und ist noch schneller erklärt. Denn grundsätzlich können Sie alles als austauschbar ansehen: Materialien, Medien, Prozesse, Bauteile, Designs, Funktionen, Worte, Verwendungszwecke, Energiequellen, Benutzergruppen, Rohstoffe, ...

Ein Ersatz kann ein Austauschobjekt aus der gleichen Kategorie sein, so wie sich Kaffee durch Tee ersetzen lässt. Es können aber auch ebenso gut andere Eigenschaften, Prozessschritte oder Handlungen sein: Ein Beutel Kräutertee könnte z. B. prinzipiell auch durch ein Hustenbonbon ersetzt werden. Je nach Kontext können aber auch völlig neue Dinge entstehen: Ersetzt man z. B. einzelne Buchstaben in einem Wort, wird aus Katze Kotze, Nord Mord, West Rest, Tante Kante und aus Sensoren Senioren. Manche Ersetzungen bleiben beliebte Alternativen, wie Butter und Margarine, manche verdrängen den Ursprung dauerhaft wie Video-on-demand die Videotheken, manche erleben ein Revival wie beispielsweise Vinyl-Schallplatten.

Deutlich spannender, interessanter und überraschender ist es jedoch, wenn der Ersatz durch ein vollständig anderes Objekt aus einem absolut anderen Themenbereich kommt. Vasen aus Gummi mit der ebenso überraschenden sowie überzeugenden Eigenschaft der Unzerbrechlichkeit. Und auch hier gilt: Je weiter die beiden Dinge auseinanderliegen – spröde vs. elastisch – desto interessanter und disruptiver wird es. Vor 130 Jahren wurde ein Stück Natur durch Technik ersetzt: Nicht ein besseres Pferd, Maultier oder Ochse sollte fortan Kutschen ziehen, sondern der Verbrennungsmotor.

Die Eigenschaften der beiden auszutauschenden Objekte oder Konzepte müssen nicht einmal im Entferntesten miteinander vergleichbar sein – im Gegenteil: je stärker der Kontrast, desto drastischer und spannender das neue Produkt. Was können Sie an Ihrem DOPS (= Ding/Objekt/Produkt/Service) durch einen überraschenden, ungewohnten, nützlicheren, kompatibleren Bestandteil ersetzen? Wollen Sie eine bestimmte Funktion erhalten, den Herstellungsprozess, die Form, den Vertriebsweg? Die Beantwortung dieser Fragen hilft Ihnen bei der Auswahl passender Substitute.

Die morphologische Matrix basiert stark auf der Funktionsweise der Kreativtechnik des Ersetzens.

Details

Häufig reicht es, nur ein Detail oder eine Nebensächlichkeit zu ersetzen. Das kann eine neue Art der Verpackung sein, ein anderer Vertriebsweg, ein ungewohntes Material, die Nutzung neuer Trends oder Technologien, andere Konsumumfelder oder Zielgruppen. Ersetzen Sie – zunächst nur im Kopfkino – systematisch alle Bestandteile Ihres Produkts oder Ihrer Dienstleistung durch »anderes« und lassen Sie unbedingt auch abstruse und surreale Zusammen(er)setzungen zu.

90 %

Sie können Ihr Produkt oder Ihre Dienstleistung aber auch vollkommen auf den Kopf stellen und alle Bestandteile oder seinen Kern durch alles Mögliche ersetzen: Wer Fahrräder baut, sich mit dem Biegen von Rohren und dem Montieren von Rollen und Bremsen daran auskennt, der kann auch Campingliegen, Bürostühle oder Rollatoren bauen. Hier gibt es tatsächlich keine Grenzen. Nur die im eigenen Kopf.

Do-it-yourself

Ersetzen Sie Materialien.

Ersetzen Sie funktionale Einheiten.

Ersetzen Sie das Verwendungsumfeld.

Wer könnte Ihr Produkt noch benutzen und wofür?

Wie kann ich das ursprüngliche Ziel noch erreichen?

Welche besonderen Eigenschaften hat Ihr Ding?

Wodurch kann ich die auch erreichen?

Welcher Ersatz stärkt mein Ding?

Wodurch kann ich das Ziel ersetzen?

Müsli

5.7 Alternative Nutzung

Haben Sie schon mal mit einer CD das Eis von den Scheiben Ihres Wagens gekratzt oder Honig auf kleinere Wunden geschmiert? Für nahezu jedes Objekt oder Produkt lässt sich im Prinzip auch eine andere Verwendung entdecken, viele Serviceprinzipien lassen sich für andere Zwecke nutzen. Allerdings muss man sich dafür zunächst vom Konzept der optimalen Eignung verabschieden. Die alternative Anwendung könnte daher auch »Wozu kann ich das noch benutzen, wo kann ich es noch anwenden?« heißen. Wer hat nicht schon mal einen wackligen Tisch mit einem zusammengefalteten Stück Papier gebändigt oder den Familienhamster in einer Zigarrenkiste beerdigt?

Um zu spannenden Inspirationen zu kommen, abstrahiert man zunächst die Basis-Funktionalitäten, sucht nach typischen Merkmalen und stellt wesentliche Eigenschaften heraus. Anschließend sucht man nach Objekten, Prozessen, Services, die ähnliche oder gleiche Eigenschaften haben: Ist zum Beispiel ein Pullover sehr flauschig, kann er auch in einem Kaninchenkäfig als Kissen liegen oder mit Öhrchen verkauft werden. Eine Scheibe Pumpernickel kann auch PacMan sein, der keine Geister, sondern Cherrytomaten, Gürkchen, Käse und Salami jagt, und manche Menschen gehen zum Essen ins Möbelgeschäft.

Spinnen erlaubt

Auch hier gilt wieder: Je weiter ursprüngliche und inszenierte Verwendung auseinanderliegen, desto spannender wird das Neue. Fragen Sie dabei erst mal nicht nach der Sinnhaftigkeit der alternativen Verwendung. Die Bewertung der Idee kommt ja erst viel später. Nehmen Sie völlig andere Kategorien, in denen man das Objekt zweckentfremden kann. Eine Hose kann man als Schal verwenden, was immer noch zur Kategorie Kleidung gehört. Was passiert, wenn man mit der Hose in die Kategorie Lebensmittel wechselt: Sie wird zum Kartoffelsack – was immer noch ein Behälter ist, nur jetzt für Gemüse statt Körperteile – Isolationsmaterial für Tiefgefrorenes, Verpackungsmaterial für extralange Spaghetti, Wurstschlauch, Hosensuppe, Eisbeinkleid, ... Jetzt wird's Zeit, darüber nachzudenken, was für eine Hose das eigentlich ist: Jeans, Anzug-, Badehose, Krachlederne, Hot-Pants, Knickerbocker, Handwerker-, Tweed-, Damen-, Herrenhose – denn jeder Hosentyp und jedes Material hat andere Stärken und Eigenschaften. Eine große Hose kann auch als Zelt für Kinder dienen ... was könnte man in einem String-Tanga verstecken – zwei Cocktailwürstchen?

Mit Produkten spielen

Die alternative Anwendung eignet sich besonders für reale Produkte und Kommunikationsaufgaben: weil man einfach mit ihnen herumspielen und sie leicht in einen anderen Kontext stecken kann. Das Handy als Taschenlampe war zunächst nur eine Notlösung, bevor es ein reguläres Feature wurde. Erfreulicherweise kann man aber auch für Prozesse und Dienstleistungen alternative Anwendungen finden oder konstruieren:

Der reich gedeckte und sehr geordnete Frühstückstisch wird von einem Schachspieler als Brett interpretiert – das gekochte Ei auf C4 schlägt Salzstreuer auf D5. Hier muss man sich nur überlegen, welche typischen Handlungen, Handbewegungen und Gesten auch eine andere Bedeutung haben können.

Bodystorming

Eine sehr gute Methode, um Ideen zur alternativen Nutzungen zu generieren, ist das Bodystorming: Sie tragen über den Zeitraum von ein paar Tagen bis Wochen das Objekt bei sich – es kann auch ein Foto oder eine Skizze sein, im Fall von Prozessen und Services auch eine Ablauf-Infografik. Immer, wenn Sie dran denken, versuchen Sie Ihr Ding in Verwendung zu bringen. Wo und wie das Objekt noch einsatzbar ist, werden Sie durch häufiges Ausprobieren selbst erfahren.

Die alternative Anwendung kann man auch als so etwas wie die umgekehrte Ersetzen-Technik betrachten. Dort macht man das Gleiche mit anderen Objekten, hier geht es darum, etwas anderes mit demselben Objekt zu tun.

Eine Killerphrase in Bezug auf alternative Verwendung lautet übrigens: »Mit Essen spielt man nicht«.

Do-it-yourself

Tragen Sie das Produkt (ggf. als Foto oder Funktionsskizze) mehrere Tage mit sich herum.

Was kann man mit dem Produkt, der Dienstleistung, dem Prozess noch alles anstellen?

Woran erinnert die äußere Form des Objekts?

Welche abstrahierte Basis-Funktion erfüllt das Objekt, die Dienstleistung?

Welche typischen Merkmale weist mein Objekt auf?

Wo gibt es diese Merkmale ebenfalls? Und wozu werden sie dort genutzt?

Mit welchen besonderen Eigenschaften kann mein Produkt auch in anderen Bereichen punkten?

Zweckentfremden to the max

Welche Kategorie ist meinem Produkt am fremdesten? Wie kann ich es dort einsetzen?

5.8 Tabu und Provokation

Dort wo sich keiner hinwagt, was kaum jemand macht, was sich niemand traut – abseits von Konventionen und Harmonien, bei den No-Gos und Tabus, finden sich interessante Spiel- und Betätigungsfelder: Hundefleisch oder Insekten essen, Tote ausstellen, Pornografie in der Öffentlichkeit, Rituale aus aller Welt, Folter, …

In oder mit diesen aktiv zu werden, sorgt für kontroverse Diskussionen, löst starke Emotionen aus, ja schockiert vielleicht sogar. Allerdings bleiben solche Aktionen und Produkte in Erinnerung, denn die heile genormte Welt ist schön und gut – aber auch etwas langweilig, und wir lieben nun mal Abwechslung und Aufregung.

Wer aufmerksam machen will, aufrütteln, durchschütteln, auf Missstände hinweisen, eben Auseinandersetzung provozieren will, der darf, soll und muss zu drastischen Mitteln greifen: Tabus brechen, provozieren, schockieren.

Die Zielgruppe zu kennen, ist hier besonders essenziell, denn was den einen brüskiert, kümmert andere möglicherweise überhaupt nicht.

Tabu

Bei Tabus haben Sie die Auswahl aus einer breiten Palette ungeschriebener Gesetze und gesellschaftlicher Konventionen für jeden Lebensbereich: der gute Ruf, Sexualität, Rasse, Religion, Politik, Krankheit, Tod, Fäkalien, Nahrung, Körperflüssigkeiten, Rituale, …

In welchem übergeordneten Bereich unterliegt Ihr Produkt oder Service einem ungeschriebenen Gesetz, einem konventionellen Korsett, einem Tabu – und wie kann das gebrochen werden? Wie können Sie den Tabubruch nur andeuten, wieder zurücknehmen, in etwas Positives wandeln? Die Kraft der Symbolik ist häufig schon ausreichend provokant, und Tabubrüche müssen vielleicht auch nur angedeutet werden.

Provokation

Das ist: mit einer geeigneten Aktion eine Reaktion erzwingen. Die Provokation kann in positive und negative Richtungen gehen. Hier funktioniert alles, was starke Emotionen wie Freude, Überraschung, Wut, Angst, Ekel, aber auch Trauer, Scham, Verachtung und eventuell sogar Hass hervorruft. Das kann von einem speziellen Detail oder durch die Gesamtkonzeption hervorgerufen sein. Generell gilt: Provozieren ist weitaus einfacher als Tabus brechen, weil es immer jemanden geben wird, der sich von einer Aussage oder Eigenschaft berührt fühlt – positiv wie negativ: Bringen Sie ein Smartphone ohne Kopfhöreranschluss und USB-Port auf den Markt, einen Gartenzwerg, der den Stinkefinger zeigt, eine App für nur eine OS-Plattform.

Provokation kann auch nur verbal oder kommunikativ stattfinden: Behaupten Sie einfach mal das Gegenteil vom allgemeinen Konsens und schauen Sie, wer dann aus den Löchern kriecht. Haben Sie eine Anti-Zielgruppe – womit können Sie die »erfreuen«? Haben Sie keine Angst vor Ablehnung, Provokation polarisiert: Man wird Sie auch dafür lieben.

Kontrast zwischen Norm und Normbruch

Wie auch bei den meisten anderen Kreativtechniken erzeugt man durch die Spreizung des konzeptionellen Kontrastes eine starke Spannung. Je harmonischer, normaler, erwartungskonformer das Basiskonzept, desto stärker sticht eine Provokation heraus: plastinierte Tote in einem Altenheim ausstellen, Wein aus dem Tetrapack im 4-Sterne-Restaurant, Mettigel an eine Veganer-WG spenden, Urlaub verschenken oder verlosen, Kettensäge für Kleinkinder …

Um Ihre provokativen Ideen produktiv umzuwidmen, überlegen Sie, an welchen Stellschrauben man drehen müsste, welche kleinen oder großen Veränderungen gemacht werden könnten, um die jeweilige Grundidee doch noch in eine Umsetzung zu retten: Die Kettensäge für Kleinkinder wäre dann ein Spielzeug aus Kunststoff oder eine normale Säge in Kettensägen-Optik für Grundschüler.

Warum provozieren?

Überlegen Sie sich vorher ziemlich genau, ob und wem Sie gegebenenfalls gehörig auf den Schlips treten wollen, denn das werden Sie. Und wenn man es richtig gut gemacht hat, verliert man Freunde und gewinnt dafür neue.

Achten Sie bitte auch auf Angemessenheit von Mittel und Ziel. Provokation nur um der Provokation willen ist platt. Auch hier gibt es eine Killerphrase als untrügliches Kennzeichen, dass Sie auf dem richtigen Weg sind: »Das tut man nicht«.

Do-it-yourself

Über welche Tabus wollten Sie sich schon immer mal hinwegsetzen?

Gehen Sie mindestens an die Grenze Ihrer persönlichen Komfortzone.

Schicken Sie Ihre guten Manieren in die Ferien.

Welche Eigenschaft Ihres Produkts/Services polarisiert am meisten?

Was müsste man tun, um diese Eigenschaft noch provokanter zu machen?

Wie wird Ihr Produkt/Ihre Dienstleistung liebenswert, begehrenswert, süchtig machend?

Was macht Ihr Produkt/Ihre Dienstleistung eklig, beleidigend, verachtungswürdig?

Was traut sich keiner zu sagen?

Was würde zu einer Nicht-Verwendung /Ablehnung des Objekts führen?

Kann das Produkt bluten, eitern oder sich übergeben?

Was könnten Sie tun, wenn es bestimmte Tabus nicht gäbe?

Welche Tabus kommen für Ihr Produkt/Dienstleistung infrage? Ungeschriebene Gesetze, Konventionen Sexualität, Rasse, Religion, Politik, Krankheit, Tod, Fäkalien, Körperflüssigkeiten.

Was bedeutet der Bruch eines Tabus, das bei uns keines ist?

Welche unserer Tabus sind in anderen Teilen der Welt keine und umgekehrt?

5.9 Anpassen

Anpassen ist eine ebenso einfache wie universelle Kreativtechnik. Sie brauchen hier lediglich ein Gegenüber, etwas Anderes, Neues, etwas, an das Sie Ihr Produkt oder Ihre Dienstleistung angleichen, von dem Sie etwas abgucken, etwas übernehmen können. Mit ein bisschen Willen und Zuversicht lässt sich alles an alles andere anpassen: Produkte an andere Produkte, Produkte an Dienstleistungen und umgekehrt, Produkte an Menschen, Dienstleistungen an Verwendungsumfelder, Eigenschaften an Produkte, Materialien an Eigenschaften, ...

Die hier über allem stehende Frage ist: Wie kann ich das vorhandene an etwas Neues oder Anderes anpassen? Welche Eigenschaften kann ich übernehmen? An welchen Stellschrauben muss ich drehen, damit es den neuen Anforderungen entspricht, welche Features muss ich wie verändern, damit es passt? Wie muss ich ein Backrezept verändern, damit es mit Quinoa funktioniert, wie muss ich das Produkt anpassen, damit es in eine bestimmte Verpackung passt und umgekehrt: Wie muss ich die Verpackung anpassen, damit das Produkt hineinpasst? Muss ich etwas pink machen, damit es kleine Mädchen gut finden – und schwarz, damit es bei Gothic- und Metal-Fans gut ankommt?

Anpassen kann auf das Gesamtkonzept oder Details angewendet werden.

Zerlegen

Ein häufiges Problem bei der Ideenfindung ist, dass man nicht weiß, wo man anfangen soll. Zum gedanklichen Loslegen ist es daher hilfreich, Ihr Produkt oder Ihre Dienstleistung zunächst in Teile oder Parameter zu zerlegen. Das können funktionale, technische, gestalterische, konzeptionelle, zeitliche, organisatorische, ökologische, materielle, ... sein. Alles, was darin eine Rolle spielt, nur nebensächlich auftaucht oder auch nur angedeutet wird, kann vollständig oder in Teilen angepasst und verändert werden.

Also: Zerlegen Sie Ihr Ding erst mal komplett. Was ist innen, außen, sichtbar, unsichtbar, wichtig, unwichtig, oben, unten, teuer, günstig, leicht, schwer, einfach, komplex, bunt, farblos, monochrom, dick, dünn, ... Was kommt zuerst, was zuletzt, was ist essentiell, was verzichtbar, was überflüssig,... Schauen Sie auf Form, Farbe, Funktionen, Material, Geruch, Geschlecht, Aussehen, Grundstoffe, Oberflächenbeschaffenheit, Reihenfolge, Umfeld, Anwendungs- und Nebenfelder, Benutzungsabsichten, Verpackungen, Aggregatzustand, Zielgruppe, ... Woran können Sie das anpassen? Kopfkino an: Wie müssten Sie Ihr Produkt oder Ihre Dienstleistung anpassen, damit Kinder

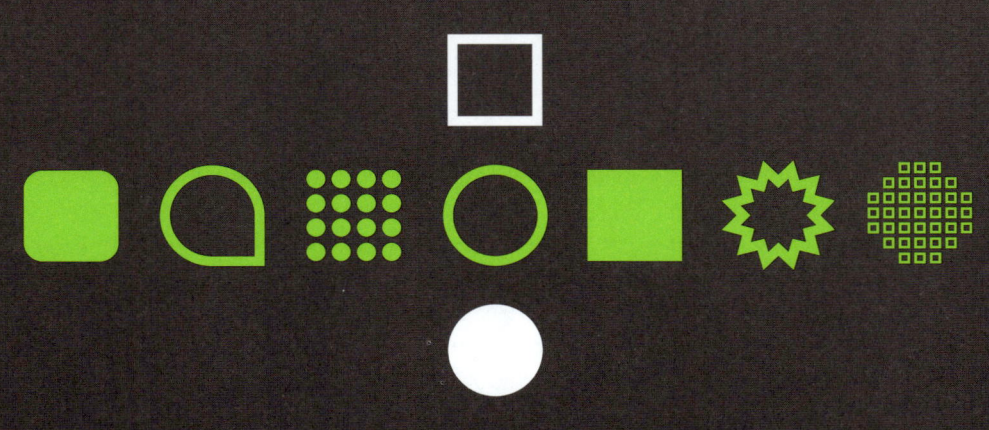

damit spielen, was müssten Sie verändern, damit Obdachlose es verwenden können, wie können Sie es mobil bzw. transportabel machen, aus welchem Material könnte es auch gefertigt sein?

Das Zerlegen kriegen Sie gut und systematisch mit Mindmapping (siehe Kapitel 4, Abschnitt 4.3) oder Morphologischer Matrix (siehe Kapitel 4, Abschnitt 4.4) hin. Falls Ihnen spontan keine inspirierenden Gegenstücke einfallen: Helfen Sie sich mit Synektik (siehe Kapitel 4, Abschnitt 4.6) weiter.

Objekt anpassen

Sie haben die volle Kontrolle über Ihr Ding – Sie können dem Stuhl für Autofans vier Räder spendieren oder dem Taucherhandbuch einen Neoprenumschlag geben. Egal ob konkret oder abstrakt – sofern Sie ein oder mehrere Hauptobjekte haben, können Sie diese an etwas anderes anpassen. Das muss nicht mal etwas sein, was auch un-

mittelbar mit dem Objekt zu tun hat. Interessant wird es oft erst, wenn die Anlehnung aus einem externen Bereich kommt, den man mit dem angepassten Objekt dann nur konnotiert oder ihm eben eine völlig neue, unerwartete, eben kreative Bedeutung gibt: Taucheranzug im Brautkleid- bzw. Tuxedo-Look für die Hochzeit unter Wasser, ein Farbstift, der mit jeder beliebigen Farbe zeichnen kann, die ihm gezeigt oder per App eingestellt wird. Und wie sieht eigentlich eine Hundehose aus?

Umfeld anpassen

Dabei bleibt Ihr Objekt, wie es ist, jedoch passen Sie dessen Umfeld an – ganz oder in Teilen. Die Website um ein App herum, die Verpackung, das Verwendungsumfeld, das Produkt wird in einer neuen Zielgruppe platziert, das Material wird für einen neuen Verwendungszweck eingesetzt: Milchprotein als Ausgangsmaterial für Textilien, Schleimpilze weisen nach dem Trocknen Leder-ähnliche Eigenschaften auf: Schleimpilz-Lederjacke. Was aus dem Umfeld des Produkts ist veränderbar, lässt sich anpassen, welche Zielgruppe passt besser zu meinem Produkt/Dienstleistung, in welcher Branche könnte mein Produkt ebenfalls benötigt werden, wo muss ich mein Produkt anbieten? Food-Trucks gehen z. B. überall dorthin, wo gern anders oder experimentell gegessen wird: auf Einzel-Events, Festivals und Wochenmärkten.

Do-it-yourself

Suchen Sie sich beliebige Objekte – die sich z. B. gerade in Ihrem Blickfeld befinden – und wenden Sie deren markanteste Eigenschaften oder Merkmale auf Ihr Ding an.

Zerlegen Sie Ihr Ding in seine wesentlichen Merkmale und Bestandteile.

Welche typischen Eigenschaften sind das?

Welche einzigartigen Eigenschaften weisen sie auf?

Welche unterschätzten Eigenschaften gibt es?

Woran lassen sie sich jeweils anpassen?

Welche besonderen Merkmale weist das Umfeld auf?

Welche Kategorienachbarn hat das Objekt, horizontale und vertikale?

Was passiert unmittelbar vor bzw. nach der Verwendung des Objekts?

Wer benutzt das Produkt/die Dienstleistung üblicherweise?

Warum? Wozu? Wozu nicht? Warum nicht?

Wann? Wann nicht? Warum nicht?

Was müsste man tun, damit es doch benutzt wird?

5.10   Modifizieren

Beim Modifizieren verändert man sein Objekt oder seine Dienstleistung ähnlich wie beim Anpassen, geht jedoch deutlich und weiter über das Umfeld hinaus. Das heißt, man ist noch freier in der Veränderung. Denn man kann es auch komplett verändern, skalieren, verformen, quetschen, aufblasen, wörtlich vollständig zerlegen, ja sogar zerstören, um es anschließend auf alternative Weise, nur halb oder auf ganz neue Art wieder zusammenzusetzen. Zum Modifizieren gehört auch das Hinzufügen und Entfernen. Das können Eigenschaften, Funktionen, Designs, Herstellungsprozesse, Materialien, Märkte, Zielgruppen, ... sein. Extreme Fans des Case-Moddings lassen z. B. ihre hochleistungsfähigen Spiele-Computer wie schmutzige, alte Pappkartons aussehen.

Zerlegen

Extrem hilfreich, wie bei fast allen Kreativtechniken, ist das Zerlegen zu Anfang. Jedes Objekt lässt sich hinsichtlich einzelner Eigenschaften zerlegen und anschließend Komponente für Komponente modifizieren. Eine Banane besteht zum Beispiel aus Gelb und Kurve. Das Zerlegen kann jedoch auch wörtlich stattfinden, dann hat man Schale und Frucht oder Stiel, Mittelteil und Endstück, süß und bitter, wenn man an den Geschmack denkt, und grün, gelb, braun, schwarz, wenn man an den Einfluss der Zeit denkt. Kopfkino: In welche Parameter würden Sie eine Banane zerlegen und welche Modifikationen könnten Sie mit ihr vornehmen?

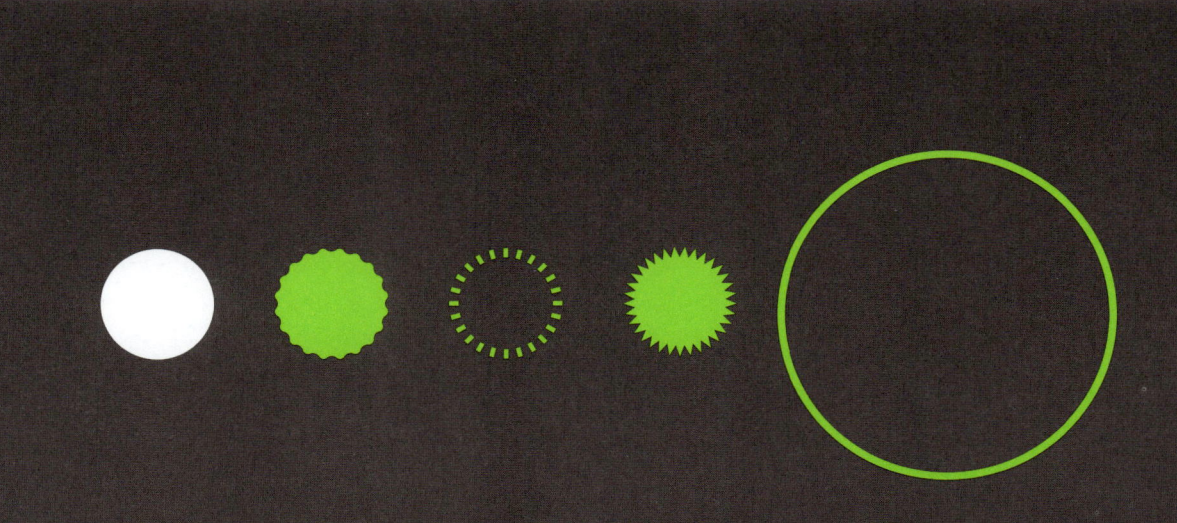

Zusammensetzen

Beim Zusammensetzen hat man alle Freiheiten: einzeln, in Teilen oder komplett. Mit nur einem, mehreren oder allen Teilen modifiziert. Die Bestandteile sind wie ein Puzzle, das jedoch viele richtige Lösungen hat. Gibt es Fragmente, die für das Ganze stehen können?

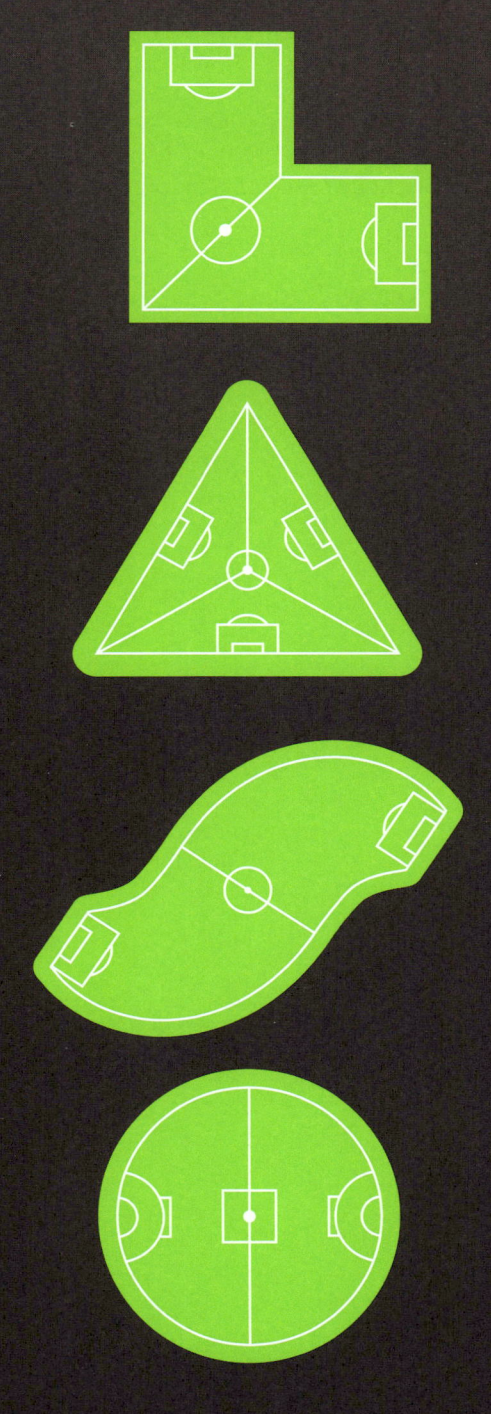

5.11 Übertreiben

Nichts einfacher als das! Alles kann man übertreiben: Von jedem Objekt und jeder Dienstleistung lässt sich immer eine stärker ausgeprägte Variante konstruieren oder denken. Der City-SUV mit 400 PS, der fünffach-Triathlon, das TV-Gerät mit 3 Metern Bilddiagonale, eben alles, was gerne ins Guinness-Buch der Rekorde möchte. Und am Ende stehen dann Extremwerte: Aus teuer wird Superluxus, mit dem Smartphone lassen sich zuverlässige Klimamodelle berechnen, und aus Fernreisen wird ein Trip ins All, zum Mond oder zum Mars. Apropos Mond: Bei Google nennt man das Prinzip Moon-Shots, weil man es nicht 1,5-mal so gut machen will, sondern 1.000-mal besser.

Vergessen Sie nicht: Bei der Ideation geht es ums Ideengenerieren und die Inspirationen, die daraus entstehen … Das Bewerten kommt später.

Übertreiben

Welche übertriebenen Ergebnisse würden Sie mit Ihrem Produkt oder Ihrer Dienstleistung erzielen wollen? Wie übertrieben können Sie sich Ihr Produkt selbst vorstellen – und seien Sie mutig: doppelt, zehn- oder 100-fach? Auch hier können Sie das Objekt, Produkt oder die Dienstleistung in Einzelteile zerlegen und diese dann mit übertriebenen oder extremen Ausprägungen zunächst im Kopfkino durchspielen. Subtile und bescheidene, weil realistische, Übertreibungen sind in dieser Ideation nicht so fruchtbar. Probieren Sie lieber den 1.000 %-Exzess oder die absurde oder unkontrollierte Eskalation.

Gängige Parameter sind Größe, Anzahl, Dichte, Dauer, Gewicht, Volumen, Leistung, Höhe, Preis, Temperatur, Geschwindigkeit, Zeit, … Aber auch numerisch nicht oder schlecht erfassbare, bzw. subjektive Dinge lassen sich übertreiben: Flauschigkeit, Geschmack, Geruch, Fürsorge, Service bzw. das Fehlen desselben, Reize, Museumsreife, Bequemlichkeit, …

Untertreiben

Dass es dabei nicht immer ein »Mehr« sein muss, zeigt sich schnell: Denn manchmal bedeutet übertreiben auch, signifikant weniger von etwas zu nehmen. Statt einer gigantischen Hochzeitstorte steht da nur ein zierlicher Cupcake, auf dem das eingesteckte Plastikbrautpaar wie auf einem Golfball balanciert, für ein internationales Sportevent sind nur fünf Zuschauer zugelassen, und ein Smartphone hat überhaupt keine Tasten mehr. Hier bewegen wir uns an der Grenze zur Elimination. Bei der Generierung von wertvollen Dingen spielt die Untertreibung eine wesentliche Rolle: Verknappung, Seltenheit, Verfügbarkeit.

für feine, colorierte, leicht gewellte Haare am Morgen

BLOND

FÜR HAARE, KÖRPER, AUTO, HAUS & GARTEN

Do-it-yourself

Wovon kann Ihr Produkt/Ihre Dienstleitung mehr vertragen?

Wie wird Ihr Produkt doppelt so wirksam?

Wie wird Ihr Produkt zehnmal so wirksam?

Wie wäre es, wenn Ihr Produkt hundertfach wirksamer/größer/schneller ... wäre als derzeit?

Stellen Sie sich Ihr Produkt oder Ziel 1.000-fach so groß, stark, intensiv vor wie heute. Was könnte man damit machen?

Welche Parameter können Sie extrem multiplizieren? Wie sähe das aus?

Und was extrem verringern? Welche Eigenschaften träten in den Vordergrund?

Wie extrem lassen sich Details verstärken?

Was passiert, wenn ich noch einen Schritt weitergehe?

Und dann noch einen?

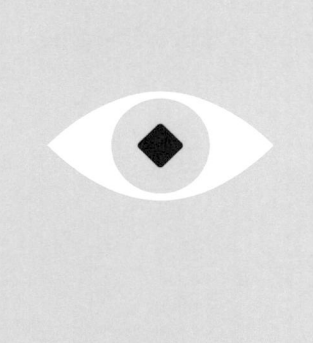

5.12 Perspektivwechsel

Stellen Sie sich vor, Sie wären ein Auto: Womit würden Sie Ihren Fahrgästen den Aufenthalt so angenehm wie möglich gestalten?

Die Technik Perspektivwechsel hat nur insofern etwas mit Vogel- oder Froschperspektive zu tun, als dass man wörtlich eine entsprechende Sichtweise einnimmt und sich vorstellt, was so ein Vogel aus der Höhe oder der Frosch vom Boden darüber denken würde und was ihm wichtig und bedeutend in so einer Situation wäre. Es ist ein bisschen wie eine Fabel: Da können Tiere und Gegenstände sprechen und weisen noch dazu menschliche Charakterzüge auf.

Hier geht es aber keinesfalls nur um Tiere, denn man kann wörtlich die Perspektive von allen möglichen Dingen, Handlungen, Objekten, Details, Vorprodukten, Techniken, Hilfsmitteln, Nebensächlichkeiten einnehmen. Probieren Sie es sofort aus. Die Vielfalt der Perspektiven und Sichtweisen ist so unglaublich groß, dass es richtig Spaß macht, ein beliebiges Objekt oder Detail herauszupicken und sich vorzustellen, was es denkt. Ja, richtig gelesen: denkt. Stellen Sie sich einfach vor, »es« könne wie jeder Mensch denken, ein bestimmtes Verhältnis zu anderen Objekten und eine eigene Biografie haben, Freunde, Feinde, einen Beruf, Werdegang, Nachbarn und Familie noch dazu. Wenn Sie ein Saft wären, welcher Saft wäre das – Früchte, Gemüse, Beeren, Nüsse, eben alles, aus dem man Flüssigkeiten herauspressen kann – und wie würden Sie sich anziehen, also verpacken?

Dann fragen Sie sich mal, was Sie sich als dieses Objekt oder Detail so denken. Sind Sie zufrieden? Möchten Sie mehr in den Vordergrund treten, wollen Sie mehr aus Ihrer Biografie beitragen, wurden Ihre Stärken genug beachtet, würden Sie lieber etwas anderes machen? Woran haben Sie Freude, womit kommen Sie nicht so gut klar?

Dabei kann man einerseits versuchen, möglichst originäre oder typische Eigenschaften zu verkörpern oder sich komplett von einem Rollenbild zu lösen und dem Objekt/ Ding einen völlig neuen und eigenen Charakter zu verleihen: Ein Käse könnte stolz auf seinen Körpergeruch sein oder sich darüber ärgern. Andererseits könnte er auch ein kultivierter Theaterliebhaber sein, der betrübt darüber ist, dass er so selten Gelegenheit hat, dieser Leidenschaft zu frönen.

Alle einnehmbaren Sichtweisen liefern wertvolle Impulse für die Inszenierung dieser Gedanken. Dabei können das reale oder völlig hypothetische Gedanken sein. Der Fantasie sind wie immer keine Grenzen gesetzt, alles ist erlaubt: Was denkt die Zahnbürste über die Zahnpasta, was der Füller über den Tintenkiller, was die Unterwäsche über das Kleid, was der Leuchtturm über das Meer?

Hier entstehen lauter kleine Geschichten, Anekdoten, Emotionen, aus denen sich Innovationen ableiten lassen.

Der Perspektivwechsel ist einer meiner persönlichen Favoriten unter den Kreativtechniken. Wer sich schon als Kind gern verkleidet hat, Gefallen an Rollenspielen hatte, vielleicht in der Theater-AG war oder sich auf langweiligen Partys als Austauschstudent aus Kopenhagen ausgab, wird das vielleicht verstehen. Empathische Menschen übrigens auch.

Details

Die Perspektive eines vollständigen Produkts oder einer kompletten Dienstleistung einzunehmen, kann mitunter zu allgemein und vielschichtig sein. Zerlegen Sie sie und nehmen Sie gezielt nur einzelne Perspektiven ein. Maschine: Was denkt der Startknopf über den Daumen oder Zeigefinger, der ihn regelmäßig drückt: Dieser Finger macht mich dreckig, oder so ein Schwächling.

Bietet Ihr Ding noch mehr Möglichkeiten des Zerlegens?

Weniger Details

In die andere Richtung gedacht nimmt man die Perspektive von übergeordneten beziehungsweise zusammengefassten Objekten ein. Aus der Perspektive einer Flasche Bier wird die eines Sixpacks: Ich und fünf Freunde flachsen herum, machen anzügliche Witze oder befinden uns vielleicht auf einer Reise.

5.13 Metapher & Analogie

Wie wird es woanders gemacht? Wo gibt es Ähnlichkeiten? Das könnten hier die über allem stehenden Fragen sein. Wir kennen Metaphern aus der Rhetorik oder der Literatur. Dort werden sie verwendet, um etwas über einen Vergleich anschaulicher oder sprachlich reicher darzustellen. Manchmal auch, um etwas zu vereinfachen oder auf den Punkt zu bringen: Flaschenhals statt kapazitive Ressourcen-Knappheit. Analogien kennt man eher aus dem naturwissenschaftlich-technischen Bereich: Ähnliche Strukturen oder Sachverhalte aus verschiedenen Bereichen werden in einen neuen Zusammenhang gestellt: Die Bionik befasst sich z. B. mit technischen Funktionen in der Biologie u. a. bei Flügeln, überall haftenden Geckofüßen oder den strömungsoptimierten Hautschuppen von Haien. Die so gewonnenen Erkenntnisse werden auf technische Anwendungen übertragen.

Analysieren

Nehmen Sie eine bestimmte Eigenschaft oder ein bestimmtes Merkmal Ihres Produkts oder Ihrer Dienstleistung heraus. Oder zerlegen Sie es ggf. nach verschiedenen Gesichtspunkten (mechanische, konzeptionelle, funktionale, ... wie im Abschnitt 5.2 »Zerlegen« oder »Mindmapping« Kapitel 4, Abschnitt 4.3 und »Morphologische Matrix« Kapitel 4, Abschnitt 4.4 beschrieben), um diese Merkmale oder Aufgabenstellungen herauszuarbeiten. Was kann Ihr Produkt besonders gut, leider nicht so gut oder gar nicht? Was ist typisch und untypisch, was würden Sie gern anders machen oder gelöst sehen wollen?

Beispiel Schreibtischlampe: ist zumeist höhenverstellbar, und das Licht lässt sich in bestimmte Richtungen lenken.

Analogien finden

Anschließend machen Sie sich auf die Suche nach Dingen, die irgendwie ähnliche oder vergleichbare Eigenschaften, Merkmale, Formen, Aufgaben, Strukturen, Funktionen oder Problemlösungsstrategien haben. Welche Inhaber dieser Merkmale gibt es? Auch hier gilt wieder: Jedwede Art von Analogie ist in der Ideation hilfreich.

Beispiel Höhenverstellbarkeit: Fahrradsattel, Rapunzel, Autositz, Bügeltisch, Sonnenschirm, Obstpflücker an Teleskopstange, Leiter, Luftmatratze, Bürotisch, Klavierhocker, moderne ÖPNV-Linienbusse, ...

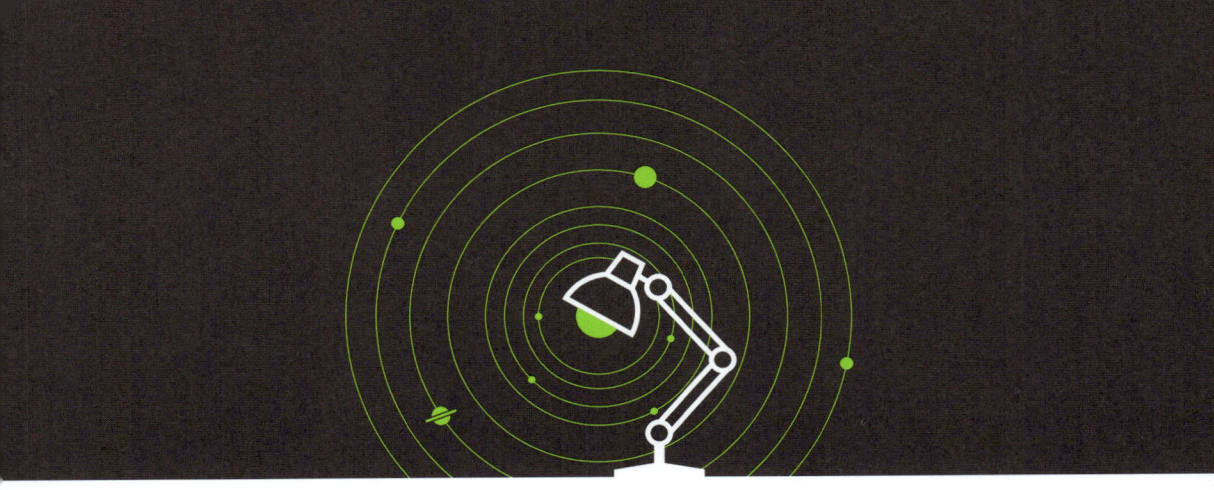

Wie macht die Analogie das?

Stellen Sie jetzt heraus, mit welchem besonderen Merkmal die Aufgabe im Analogon gelöst wird – bei der Luftmatratze ist die Höhe über das Luftvolumen in deren Kammern variabel einstellbar, beim Klavierhocker über eine Gewindespindel, beim Linienbus sorgt eine Hydraulik für barrierefreien Zustieg auch für Rollstuhlfahrer, …

Lösung übertragen

Schließlich übertragen Sie eine oder mehrere analoge Lösung(en) auf die ursprüngliche Aufgabenstellung. Eine Schreibtischlampe mit pneumatischer Höhenverstellung steht in meiner Fantasie jedenfalls ganz oben auf der Wunschliste, und die Leuchte mit der kleinen Spindel und elektrischem oder Handkurbel-Antrieb ist sicher auch ganz reizvoll an so manchem Arbeitsplatz.

Analogien und die Cross-Innovation-Methode sind ein effizientes Paar, vor allem, weil die Suche nach Analogien in der Variante mit den anwesenden Fachleuten aus anderen Disziplinen sehr einfach und schnell geht.

Do-it-yourself

Welche Merkmale hat Ihr Produkt/Ihre Dienstleistung?

Welche typischen und welche untypischen sind das?

Was kann Ihr Produkt besonders gut?

Was kann Ihr Produkt nur schlecht oder eingeschränkt?

Was kann Ihr Produkt gar nicht?

Wo finden sich alternative Lösungsstrategien?

Wo wird die Aufgabe ähnlich gelöst?

Denken Sie an Technik, Natur, Kunst, Design, Biologie, Physik, Gastronomie, Supermärkte.

Wie wird sie anderswo gelöst?

Übertragen Sie die Lösungswege auf Ihre Aufgabe.

5.14 Neuer Gegner

Sie kennen Ihre Branche, den Markt, Ihre Mitbewerber und deren Produkte. Kennen Sie auch andere Branchen, Märkte und Noch-nicht-Mitbewerber? Stellen Sie bei der Suche nach einem neuen Gegner Ihr Produkt oder Ihre Dienstleistung in ein ganz neues Umfeld. Das kann ein Marktumfeld, aber auch ein Verwendungsumfeld sein. Was vorher in einem industriellen Rahmen verankert war, funktioniert möglicherweise auch im häuslichen, privaten Bereich: Hochdruckreiniger. Wer im Sport erfolgreich ist, ist es möglicherweise auch in der Arbeitswelt: Sicherheitsschuhe von Puma oder Adidas. Und seit es Müsli in Riegelform gibt, haben Schokoriegelhersteller einen ernsthaften Konkurrenten, der auch noch mit dem – mittlerweile ungerechtfertigten – Gesundheits-Bonus des Müslis an den Start geht. Und die Schokoriegel-Hersteller gehen in die Offensive: Mit Frühstück-Cerealien im Look und Geschmack bekannter Süßigkeiten eroberten Sie die Herzen der Naschkatzen im Sturm.

Meine Güte

Um als neuer Gegner anzutreten, schauen Sie zunächst, was Ihr Ding besonders gut kann, wofür es ggf. bekannt ist, und wo und wie es zum Einsatz kommt. Sind es bestimmte Eigenschaften oder Leistungen, ist es eine bekannte Marke? Ist es nur in einer bestimmten Branche, Gegend, Bevölkerungs- oder Berufsgruppe bekannt? Warum nur dort?

Anschließend sehen Sie sich systematisch nach Bereichen um, in denen es grundsätzlich auch zur Verwendung kommen könnte. So wie es ist, oder mit Modifikationen. Am Müsliriegel-Beispiel: Die lose, körnige Getreide-Obst-Mischung brauchte einen Kleber, um in Riegelform gebracht zu werden. Welche Modifikationen wären für Ihr Produkt oder Ihre Dienstleistung nötig, um in einem neuen Umfeld zu bestehen? Sind die Anpassungen von Ihnen umsetzbar? Holen Sie sich ggf. den Rat eines Experten aus Ihrer neuen Ziel-Branche. Denken Sie auch in Lizenz-Modellen, die Sie nutzen oder vergeben können – schließlich muss man nicht alles selbst machen.

Marken

Sogenanntes Brand-Stretching überträgt die Werte einer bekannten Marke auf ein neues Produkt: Computer-Hersteller baut MP3-Player, dann Handys, jetzt auch smarte Armbanduhren, demnächst Autos – und die Konsumenten beklatschen das. Ich stelle mir gerade den Hersteller von Autopflege-Produkten vor, der seine Marke für eine Körperpflegeserie für echte Männer nutzt: Shampoo im schwarzen Metallic-Look von Felgenreiniger und Haarlack statt Cockpitspray.

scharfe Milch

In welche Branchen oder Bereiche können Sie Ihr Produkt/Ihre Dienstleistung exportieren, aus welchen Branchen oder Bereichen können Sie Erfolgsprinzipien importieren?

Ein wesentlicher Erfolgsfaktor des »neuen Gegners« ist die Mitnahme bzw. Übertragung bereits bekannter, mit positiven Werten aufgeladener, erwünschter Eigenschaften auf das »neue« Produkt. Das können rein produkt- bzw. markenspezifische Werte sein, aber auch generische, also allgemeine, wie »gesund« beim Müsliriegel.

Was kann mein Produkt/Dienstleistung/Ding besonders gut?

Wofür ist es bekannt?

In welcher Branche, Markt oder Szene ist es bekannt? Warum?

Warum nur dort?

Welche Personengruppen verwenden es? Welche nicht? Warum eigentlich nicht?

In welcher Branche etc. wird mein Produkt wofür verwendet?

In welcher Branche etc. ist mein Ding unbekannt? Warum?

Was könnte man dagegen unternehmen?

In welchem Umfeld, Branche, Zielgruppe könnte mein Ding auch noch eingesetzt werden?

Welche Modifikationen wären dafür nötig – kleine und große?

Kann ich diese Anpassungen selber umsetzen?

Kann ich eine Lizenz für einen anderen Anwendungsbereich erwerben oder anbieten?

Wenn Ihr Produkt bisher ausschließlich professionell, industriell genutzt wurde – wie würde das im privaten Hausgebrauch aussehen? Und umgekehrt?

Wie sieht mein Produkt in anderen Branchen aus? Sport, Körperpflege, Möbel, Bildung, Lebensmittel, Transport, Freizeit, Tourismus, Musik, Kunst, Maschinenbau, Lebensmittel, Mode, ...

Mit welchen Sieger-Attributen kann Ihr Produkt in anderen Bereichen an den Start gehen?

Welche in meiner Branche bislang unbekannten Dinge kann ich aus anderen Branchen »importieren«?

5.15 Wirkung der Zeit

Wie hätte man vor 100 Jahren eine E-Mail geschrieben? Wie wird man es in 100 Jahren tun? Die Wirkung der Zeit ist eine fantastische und vor allem sehr plastische Möglichkeit, Ideen zu spinnen. Unsere Vorstellung von der Zukunft beinhaltet oft die Überwindung technischer oder physikalischer Grenzen und, wie bei Lichtgeschwindigkeits- und Zeitreisen, von – derzeit geltenden – Naturgesetzen. Und genau da wollen wir mit unseren Ideen hin: jenseits des heute Denkbaren. Science-Fiction ist eine wertvolle Inspirationsquelle für Wissenschaftler. Welche der Technologien aus der Enterprise, mal abgesehen von Warp-Geschwindigkeit, gibt es heute immer noch nicht?

Zukunft

Stellen Sie sich verschiedene Szenarien vor: 5, 10, 50, 100, 500 Jahre in der Zukunft. Positive wie negative, Utopien und Dystopien. Welche technologischen, physikalischen, gesellschaftlichen, politischen, gesundheitlichen, wirtschaftlichen … Möglichkeiten und Bedingungen werden wir in jener Zukunft haben? Wie sieht Ihr Produkt oder Ihre Dienstleistung dann aus, bzw. gibt es sie noch und falls nein: durch was wurde sie verdrängt oder ersetzt? Wie fühlt sich das Leben an, wenn erst jeder noch so kleine Gegenstand mit einer kleinen Energiequelle ausgestattet ist, um das Internet der Dinge möglich zu machen. Welche Erfindungen vereinfachen uns das Leben, welche würden wir gerne wieder rückgängig gemacht wissen. Worin besteht der Sinn einer exotischen Fernreise, wenn die Reisezeit überallhin stets auf nur wenige Minuten reduziert wäre oder Teleportation das übliche Verkehrsmittel wäre? Wer Spaß an Science-Fiction hat, kommt hier voll auf seine/ihre Kosten.

Machen Sie eine gedankliche Zeitreise und sammeln Sie Ideen und Inspirationen aus der Zukunft, in der so viel mehr möglich ist als heute.

Vergangenheit

Auch ein schweifender Blick in die Vergangenheit liefert wertvolle Anregungen: Welches Problem löst Ihr Produkt, und wie hätte es das vor 50, 100, 500 oder 4.000 Jahren getan? Wie hätten die Menschen reagiert, hätte Ihre heutige Lösung damals zur Verfügung gestanden? Auf welche Werte, Fertigkeiten, Kenntnisse, Prozesse, Regeln, Rezepte, Kommunikationswege, Medien, Technologien, Wissen kann man zurückgreifen? Analog statt digital, Mechanik statt Elektronik, handwerkliche Meisterschaft statt günstiger Massenfertigung, 100 % nutzen statt Wegwerfen, weniger Zusatzstoffe statt haltbarer Industrienahrung, erzählten Geschichten zuhören statt Binge Viewing, Wanderweg statt Autobahn, Brief statt Posting, Seuchen statt Intensivstation, … Suchen Sie nach vielleicht verschollenen oder in Vergessenheit geratene Methoden, Technologien, Rezepten, … Gibt es etwas, was Menschen heute wieder begeistert, weil es lange genug untergetaucht war? Wie wurden Probleme früher gelöst, wie hätte man z. B. Farbkopien, Winterreifenwechsel, E-Mails, Mikrowellenessen, Streaming, Sonnenenergie, … vor 100 Jahren gemacht? Lassen Sie Ihrer Fantasie freien Lauf und halten Sie sich bitte keinesfalls an historisch korrekte Fakten: Was haben Social-Media-Manager vor 200 Jahren eigentlich den ganzen Tag gemacht, und mit welchem Routenplaner hat James Cook seine Reisen geplant?

Effekt der Zeit

Eine dritte Dimension ist die direkte Wirkung der Zeit auf Ihr Produkt oder Ihre Dienstleistung, sowie die Entwicklung dessen Umfelds.

Kein Produkt ist allein auf der Welt – wann müssen Sie Ihres überarbeiten, auf den neusten Stand bringen, updaten, wie lange hält es, gibt es eine Obsoleszenz, also ist es auf nur eine bestimmte Lebensdauer angelegt, befindet es sich in einem bestimmten, sehr schnellen Wandel unterworfenen Marktumfeld, wie sind die üblichen Entwicklungszyklen, gibt es Materialermüdungen, Ersatzteile? Was können Sie daran ändern? Wie können Sie Ihr Produkt langlebiger bzw. kurzlebiger machen?

Schauen Sie auf faktische, übertragene, demografische, wahrgenommene, modische, saisonale Alterung: Wann wird Ihr Produkt brüchig, porös, unwirksam, uninteressant, technisch oder von neueren Trends überholt, und wann wird es wieder in sein, weil retro? Wie können Sie diese Effekte aufhalten, neutralisieren, entgegenwirken, mitlaufen, aktiv anwenden oder sogar forcieren?

Do-it-yourself

Wie sieht die Welt in 5, 10, 50, 100 und 1.000 Jahren aus?

Gibt es Ihr Produkt dann noch?

Und wenn ja: Wie sieht es dann aus?

Falls nicht: Durch was wurde es ersetzt bzw. verdrängt?

Von welchem technologischen Sprung würde Ihr Produkt am meisten profitieren?

Welche ökologischen, ökonomischen, sozialen, politischen, medizinischen Entwicklungen würde die Verwendung Ihres Produkts beeinflussen?

Welche Entwicklungen oder Erfindungen würden es überflüssig machen?

Wie wurde das Problem, das Ihr Produkt löst, vor 50, 100, 500 und 5.000 Jahren prinzipiell gelöst? Kommunikation, Kollaboration, Produktion, ...

Wie hätte man exakt das Problem, das Ihr Produkt heute löst, vor 10, 50, 100 oder 500 Jahren gelöst?

Welche Teile Ihres Produkts lassen sich durch historische ersetzen?

Wodurch könnte Ihr Produkt besonders langlebig werden?

Was könnte dafür sorgen, dass Ihr Produkt einen kurzen Lebenszyklus hat?

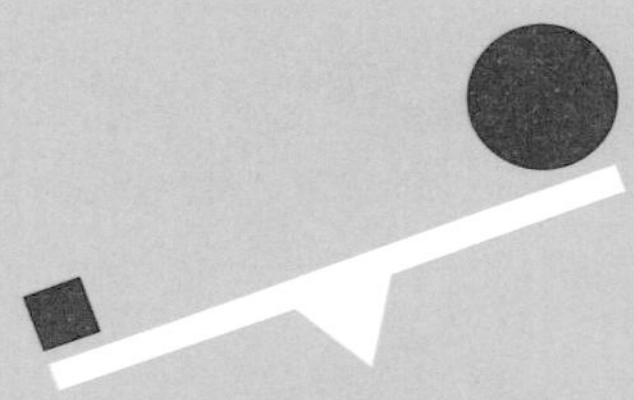

5.16   Verhältnisse ändern

Alle Dinge stehen mit irgendwelchen anderen in einer Beziehung – Autoreifen mit dem Boden, Zeiger mit dem Ziffernblatt, Knospe mit Stamm, Treibstoff mit Motor, Teppichboden mit Schuhen, Socken mit Füßen, … Sie haben ein Verhältnis zueinander: sei es, dass sie sich berühren, gegenseitig abnutzen, abfärben, oben bzw. unten sind, Ursache und Wirkung darstellen, eines fest und das andere beweglich ist, eines fix und das andere variabel ist, eine bestimmte Entfernung voneinander haben, materiell und immateriell sind, teuer und billig, das eine das andere bedingt, …

Beim Verhältnis-ändern stellen Sie Komponenten in eine alternative Beziehung zueinander, drehen sie um, schaffen eine ganz neue oder entkoppeln bzw. beseitigen sie.

Beispiel Restaurant: Üblicherweise bezahlt man lediglich für die Speisen, die man gegessen und getrunken hat die jeweils individuelle Summe – beim All-you-can-eat zahlen Sie einen festen Betrag und essen, so viel sie mögen oder können. Auf dem Jahrmarkt zahlen Sie für jedes Fahrgeschäft einzeln, im Freizeitpark einen festen Eintrittspreis für alle Achterbahnen, Karussells etc. Alle Flatrate-Angebote sind umgekehrte verbrauchsabhängige Vergütungsmodelle, sei es in Telefonie, Energieversorgung, All-you-can-eat oder Flatrate-Saufen. Und als Alternative zur klassischen Rechnung gibt´s das Prepaid-Modell, das wie ein Gutschein funktioniert. Und während ganz früher mal der Tankwart mit einem schmuddeligen Lappen ums Auto herumging, läuft heute das Auto unter den wabernden Lappen hindurch.

Laufbänder verändern das Verhältnis von Laufen und Fortbewegung, Wohnwagen das von Ferienhaus und Ort, Fastfood das Verhältnis von Zeitaufwand und dem Wissen um gesunde Ernährung. Die komplexesten Preis-Leistungs-Verhältnisse gibt es wahrscheinlich im Flugtourismus: Zwischen Early Bird und Last Minute ist es teurer, je mehr Personen sich für einen bestimmten Flug interessieren, desto teurer wird das einzelne Ticket, es wird pro Person abgerechnet, unabhängig wie schwer diese ist, bei den mitgeführten Gepäckstücken spielt deren Gewicht aber sehr wohl eine Rolle – neben dem Volumen. Bei Air Samoa kann man sich mit geringem Körpergewicht und leichtem Gepäck Bonus-Kilos für künftige Flüge erhungern.

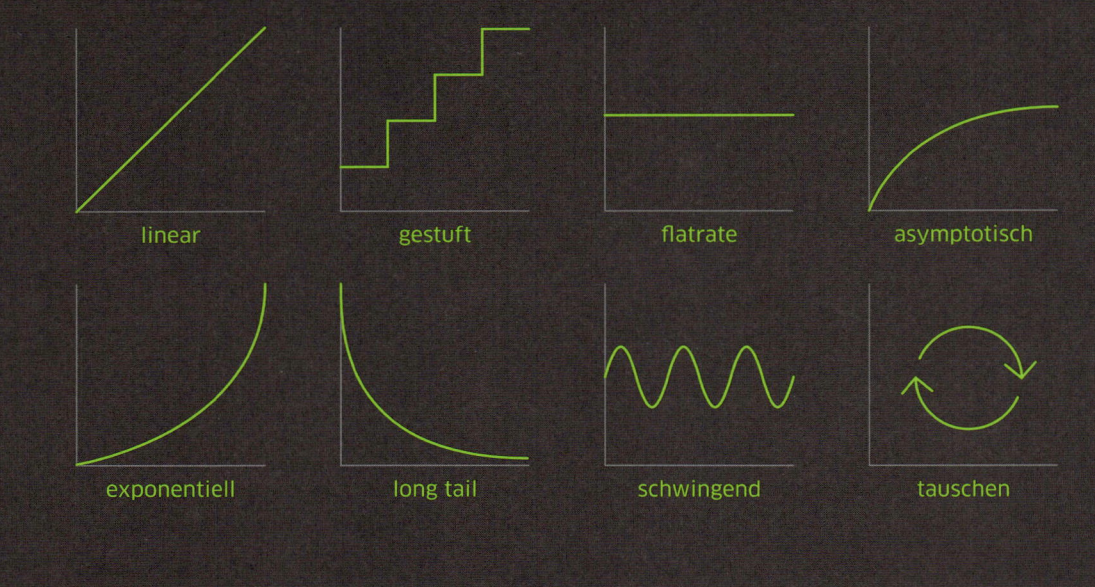

linear — gestuft — flatrate — asymptotisch

exponentiell — long tail — schwingend — tauschen

Zerlegen Sie zunächst Ihr Produkt und das Umfeld und identifizieren Sie Verhältnis-Komponenten.

Berühren sie sich, wie hängen sie voneinander ab, was kommt zuerst, was danach, wer hat den größten Nutzen, wer den geringsten, sind sie direkt oder indirekt, kausal oder zufällig miteinander verbunden, gilt je mehr, desto weniger, lässt sich das Verhältnis quantitativ oder gar mathematisch exakt ausdrücken?

Probieren Sie zunächst im Kopfkino diese Verhältnisse zu verändern, zu ersetzen, zu kombinieren, umzukehren, wegzulassen oder umzuwidmen. Welche neuen Modelle lassen sich so generieren?

Abo

Verbrauch

Flatrate

Do-it-yourself

Welche Verhältnisse hat Ihr Produkt zu seinem Umfeld?

In welchem Verhältnis steht es zu den Verwendern?

Welche qualitativen Verknüpfungen gibt es?

Welche quantitativen Verhältnisse?

Welche Einheiten gibt es?

Durch welche Äquivalente könnten sie noch ausgedrückt werden? Stück, Länge, Fläche, Volumen, Gewicht, Kraft, Leistung, Zeit?

Wodurch kann man es ersetzen?

Welche Staffelungen oder Obergrenzen gibt es?

Lässt sich das Verhältnis umkehren?

Was wird als statisch angesehen, was als variabel – können die Rollen getauscht werden?

Was wird vom Benutzer vorausgesetzt – was nicht?

5.17 Anti-Physik

Mit Anti-Physik setzen wir sämtliche physikalischen Gesetze außer Kraft. Wir denken alles, was eben sonst nicht möglich ist: Atmen im luftleeren Raum, freies Schweben, die Zeit rückwärts laufen lassen, etwas mit Traktor-Strahlen anziehen, Materie-Übertragung durch Zeit und Raum, endlose Energiereserven, durch eine Wand gehen, kopfüber an der Decke wandern, Schatten-Strahlen, Dinge schwerelos machen, ...

Der Physiker Michio Kaku definierte drei Grade des physikalisch Unmöglichen: 1. Dinge, die nur scheinbar die bekannten physikalischen Gesetze verletzen, also letztlich ein Ingenieursproblem sind. 2. Dinge, die heute unmöglich sind, aber in ein paar Jahrhunderten vielleicht möglich sein könnten, wie Zeitreisen und 3. Dinge, die die fundamentalen Gesetze der Physik verletzen, aber vielleicht in einem Paralleluniversum möglich wären.

Glücklicherweise kann uns das egal sein, und wir springen sofort in das Paralleluniversum: Wir fantasieren zusammen, was gut und nützlich scheint – ganz gleich, welche physikalischen Gesetze dabei im Weg stehen. Denn es geht nur darum, hilfreiche Inspirationen und Ideen zu gewinnen. Und da ist so ein Physik-Reality-Check ein ziemlicher Klotz am Bein. Benutzen Sie die entwickelten Impulse, um einen Sprung zu machen: Geben Sie Ihrem Produkt einen kräftigen Schub in eine ganz neue Richtung – das ist vielleicht disruptiv. Oder nur einen Schritt nach vorn: Wie kann ich die Idee in die Tat umsetzen, welche technischen Möglichkeiten habe ich, an welchen Stellschrauben muss ich drehen, wie muss ich mein Produkt modifizieren? – das ist inkrementell.

Also: Stellen Sie sich Dinge vor, die nicht möglich sind, die all Ihren Erfahrungen und Wissen widersprechen, die spannende Gedankenexperimente versprechen.

Dinge, die leichter werden, je mehr man davon hat, kürzer, je stärker man an ihnen zieht, schneller gehen, je länger man dafür braucht, Farbe, die unsichtbar macht, Hoverboards, ein Anti-Gravitations-Device, das Dinge leichter macht, die Zeit nur halb so schnell laufen lassen, WLAN-Kabel, Strom aus Körperwärme, Hüpfburgen, die einen 100 Meter in die Luft katapultieren, ein biegbares Smartphone, selbstmähender Rasen, ein 3D-Drucker, der faktisch alles drucken kann, z. B. auch Haustiere oder Pizza oder ...

Erst bei der Ideenbewertung entscheiden Sie, was nur eine vielversprechende Inspiration war und welchen Aspekt Sie davon in eine Realität umsetzen können. Nutzen Sie die Prinzipien hinter den hier gewonnenen Ideen: Wenn man die Zeit schon nicht

rückwärts laufen lassen kann, wie können Sie dennoch Prozesse oder Abläufe umkehren? Wenn man etwas nicht unendlich groß skalieren kann, kann man dann das Gegenstück nicht sehr, sehr klein gestalten? Finden Sie Auswege, keine Ausreden.

Do-it-yourself

Durch welche physikalischen Gesetze wird Ihr Produkt limitiert?

Was bräuchte man, um das zu umgehen? Gibt es etwas Ähnliches?

Wie wäre es, wenn Sie die Zeit rückwärts laufen lassen könnten?

Wie wäre es, wenn Sie Schwerelosigkeit erzeugen könnten?

Was ist so gut wie schwerelos – was käme dem nahe?

Wie wäre es, wenn ein von Ihnen benötigtes Verbrauchsgut sich nicht verbrauchen würde?

In welcher Hinsicht könnte Ihr Produkt Lichtgeschwindigkeit gebrauchen?

Stellen Sie sich Ihr Produkt unendlich klein vor.

Stellen Sie sich Ihr Produkt materielos vor.

Welche Vorteile bietet es, wenn Ihr Produkt unsichtbar ist?

Wie wäre es, wenn sich Ihr Produkt jeder Umgebung vollkommen anpassen könnte?

Was würden Sie mit einem 3D-Drucker herstellen, der alles erzeugen kann?

Wenn Energie aus der Luft gewonnen werden könnte, was hätte das für Auswirkungen auf Ihr Produkt?

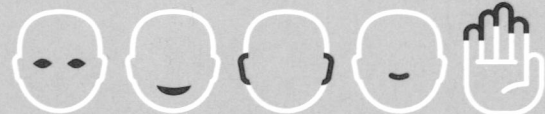

5.18   Dinge anders ...

Dinge einfach mal anders ... machen, benutzen, anordnen, fühlen, riechen, schmecken, schreiben, aussprechen, hören, sehen, werfen, streicheln, feiern, zerstoßen, denken, ... ist eine inspirierende Entdeckungsreise: Sie führt Sie systematisch zu alternativen und neuen Sichtweisen, Aktivitäten, Bezügen, Umfeldern, Sinneseindrücken, Themen, Materialien, Formen, Prozessen, Verwendungen, ...

Skizzieren Sie sich z. B. eine Mindmap mit »#Hier-Ihr-Produktname anders...« in der Mitte und umzingeln Sie ihn mit 5 bis 8 der oben genannten Verben oder weiteren, die Ihnen spontan einfallen:

spiegeln, verteilen, abrunden, anmalen, einpacken, schieben, aufstellen, drücken, anschließen, versorgen, schichten, verstecken, schützen, reinigen, trinken, verabschieden, begrüßen, färben, mahlen, aufhängen, kleben, schrauben, tragen, ziehen, legen, heben, schneiden, graben, sägen, biegen, heften, stapeln, kühlen, verflüssigen, lagern, formen, ...

Gehen Sie die Mindmap oder Liste anschließend Punkt für Punkt durch und erfinden Sie zu jedem Eintrag möglichst viele Lösungen in Bezug zu Ihrem Produkt oder Ihrer Dienstleistung. Bleiben Sie hartnäckig am Ball, auch wenn die Verbindungen zunächst absurd oder bizarr scheinen mögen.

Nehmen wir zum Beispiel »Bonbon« als Ausgangspunkt und »sehen« als Verb – daraus wird »Bonbon anders sehen«, und wir stellen uns linierte, karierte, hohle, figürlich geformte, planetoide, UV- oder infrarot-aktive Süßigkeiten vor – Lutscher in Form eines Augapfels gibt ja schon. Aus »Bonbon anders schreiben« entsteht vielleicht Ponpon, Bånbån, Bønbøn, Bambam oder mit einem B, dass drei statt der zwei Bäuche hat. Was denken Sie, entsteht aus »Bonbon anders schrauben« oder »Bonbon anders tragen« – eine Bastel-Süßigkeit aus mehreren Geschmacksrichtungen bzw. Schmuck?

Machen Sie sich eine lange Liste von Verben.

Welche Aktivitäten gibt es in Verbindung mit Ihrem Ding nicht?

Denken Sie auch an solche, die in Ihrer Branche oder Ihrem Metier völlig fremd sind.

Suchen Sie nach Aktivitäten oder Prozessen in der Elektrotechnik, Küche, Holzwerkstatt, Labor, Sport, Mode, Handel, Kunst, Maschinenbau, IT …

Verwenden Sie auch Verben, deren Bedeutung Sie nur vage oder gar nicht kennen.

Stellen Sie sich verschiedene Gruppen von Verben zusammen: konstruktive, künstlerische, verbindende, verarbeitende, zerstörende, dekorative, …

Beziehen Sie alle Sinne ein: Fühlen, Riechen, Schmecken, Hören, Sehen.

Worüber haben Sie in Bezug auf Ihr Ding noch nie nachgedacht?

Lassen Sie Ihren Blick schweifen: Welche Aktivitäten sind mit den Sie umgebenden Gegenständen verbunden?

Wie würde sich das auf Ihr Produkt auswirken?

Begeben Sie sich dazu gegebenenfalls an einen für Sie neuen Ort.

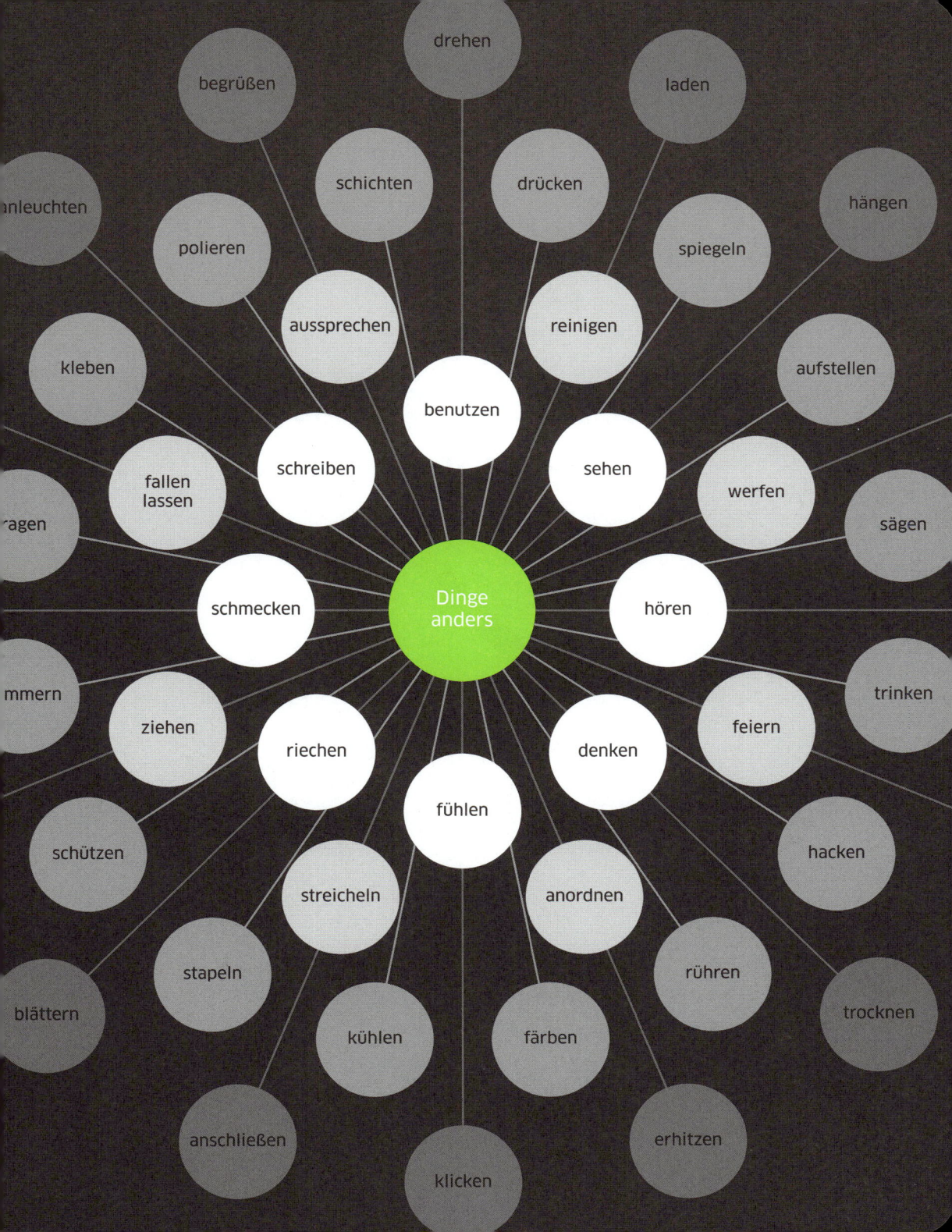

5.19   Ohne Worte

Wie soll man ohne Worte auskommen? Im Ausland verständigen wir uns behelfsmäßig mit Händen und Füßen, wir kommen ganz gut ohne internationale Bedienungs- oder Aufbauanleitungen aus, und die meisten Verkehrsschilder ver- und gebieten auch ohne Beschriftung, was man nicht darf oder soll. Und so manche Geräusche geben schnelleren und besseren Aufschluss über Geschehnisse, als seitenweise textliche oder verbale Beschreibungen.

Mit dem Verzicht auf Sprache erzeugen wir eine Art Kommunikationsnot und müssen uns auf die Suche nach alternativen Ausdrucksformen machen. Dabei können wir Aussagen vereinfachen und auf den Punkt bringen, andererseits auch unglücklich verkürzen oder langweilig strecken.

Nutzen oder generieren Sie Symbole, Piktogramme, Grafiken, Fotografie, Video, Audio und weitere Medien, um Ihre Geschichte zu erzählen. Ein Bild sagt mehr als 1.000 Worte – vielleicht geben wir uns auch ausnahmsweise mit weniger zufrieden: Wie wär´s mit der Reduktion auf 1 Wort?

Geben Sie dem Betrachter etwas zu sehen, zu entdecken, zu spielen zu interagieren, zu hören, zu fühlen, zu schmecken – es gibt so unglaublich viele Möglichkeiten, das gesprochene oder geschriebene Wort zu umgehen oder anders auszudrücken: Höhlenmalerei, Comics, Infografiken, Stummfilme, stimmungsvolle Musik, Symbole, Fotos, Videos, Animationen, Farben, Muster, Objekte, Emojis, Geräusche, Pantomime, nonverbale Lautäußerungen wie Seufzen, Stöhnen, Schnaufen, Rülpsen, Brummeln, Knurren, Winseln, Niesen, Husten, Räuspern, Morsealphabet, in Kinderfilmen werden häufig Fantasiesprachen genutzt, um Stimmungen zu inszenieren ...

Do-it-yourself

Wie würden Sie Ihr Ding ohne Worte erklären?

Auf welche Arten lässt sich generell nonverbal kommunizieren?

Welches Symbol veranschaulicht oder symbolisiert Ihr Ding?

Welche Gesten benötigt man, um Ihr Ding zu beschreiben?

Mit welchem Geräusch wäre Ihr Ding erklärt oder passend gekennzeichnet?

Welche Zeichen oder Abkürzungen stehen für Ihr Ding?

Welche Gesten, Rituale oder Bräuche könnten für Ihr Ding stehen?

Durch welche Farben oder Signale kann es ersetzt werden?

Welches Bild sagt mehr als ihre 1.000 Worte?

Welches Bild sagt so viel wie 1 Wort?

Benutzen Sie ein Wort, das nur durch 1.000 Bilder ersetzt werden könnte?

Welche visuellen Darstellungsformen können Ihre Worte ersetzen?

Denken Sie an Höhlenmalerei, Comic, Gemälde, Licht, mathematische Formeln, Farben, ...

Welche Sinne können Stimmungen wiedergeben oder aufnehmen?

6 Anwendungen

6.1 Autoren, Blogger, was-mit-Worten

Der Cursor blinkt mal wieder so geduldig wie ein auf der Tischplatte pochender Zeigefinger, und gerade jetzt bin ich froh, dass er dabei zumindest kein Tick-Tack wie ein Auto-Blinker von sich gibt. Existiert in Word vielleicht irgendwo ein versteckter Cursor-Blink-Zähler?

Auf Knopfdruck kreativ Texte schreiben kann genauso funktionieren, wie alle anderen Arten kreativ zu sein: Die Herausforderung ausfindig machen oder ein Thema finden, Material sammeln, die Recherche bebrüten, dann viele Ideen generieren und schließlich 95 % davon wieder wegschmeißen. Verabschieden Sie sich von dem Gedanken, dass jedes Wort, jeder Satz und Absatz auf Anhieb sitzt und Bestand hat.

Sprache ist so wunderbar komplex, und es gibt hunderttausende Möglichkeiten, einen Gedanken auszudrücken, dass allein eine andere Stimmung beim Wiederlesen eigener Texte ein ganz anderes Gefühl dafür erzeugen kann. Tröstlicher Gedanke: Es gibt so viele grammatikalische, rhetorische, kulturelle, journalistische, literarische, stilistische, sprachliche, ... Mittel, dass man jeden Gedanken auf unfassbar vielfältige Weisen für andere erfahrbar machen kann. Hier habe ich bewusst nicht »schreiben« verwendet, denn es gibt ja auch Podcasts, Vlogs, Bildergeschichten, Theater, Vortrag, Poetry Slam, Fotostrecken, ... eben auch unglaublich viele Alternativen zur Schriftform. Kreativmethoden und -techniken lassen sich auf allen Ebenen der Textschöpfung nutzen.

Systematisch kreativ werden heißt, sich diese verschiedenen Ebenen zu vergegenwärtigen und aktiv an deren jeweiligen Stellschrauben zu drehen – vom großen Ganzen bis zum einzelnen Buchstaben.

Form

Haben Sie sich schon Gedanken darüber gemacht, welche Form Ihr schriftstellerisches Projekt haben soll – selbst, wenn es scheinbar schon feststeht? Wenn Sie Blogger sind: Eignet sich der geplante Beitrag für ein spannendes Hörspiel? Wenn Sie freier Journalist sind: Ließe sich der Beitrag auch in Form eines Theaterstücks inszenieren? Wie können Sie textliche bzw. sprachliche Inhalte noch kommunizieren, zum Beispiel als Fotoreportage, Infografik, Audio-Slideshow, Comic, Gedicht, ...?

Hinterfragen Sie bei jedem Projekt, ob die vorgesehene Form die einzig richtige ist. Verlassen Sie Ihre Schublade. Spielen Sie im Kopfkino durch, wie es wohl wirken könnte, wenn Sie Ihr Projekt in einer völlig anderen Form als der üblichen inszenieren – das können schriftliche, mündliche, bildnerische, grafische, tänzerische, gebärdensprachliche, musikalische, schauspielerische, fotografische, ... sein.

Mixen: Fiction und Nonfiction

Probieren Sie fiktionale Texte in Form nonfiktionaler und umgekehrt: Die Nachricht in Form eines Gedichts, die Kurzgeschichte als Interview. Erstellen Sie sich dazu ein Parameter-Kreuz: (siehe Kapitel 4.5) journalistische Darstellungsformen – Kurzmeldung, Nachricht, Bericht, Reportage, Feature, Porträt, Interview, Kommentar, Kritik, Glosse, Kolumne, Essay, ... – auf dem einen Streifen, literarische Gattungen – Roman, Novelle, Kurzgeschichte, Essay, Märchen, Legende, Anekdote, Drama, Gedichte, ... – auf dem anderen. Welche Kreuzungen wirken vielversprechend und interessant, welche verwirrend und absurd – warum? Und ist das ein Ausschlusskriterium? Warum?

Mit einer morphologischen Matrix (siehe Kapitel 4.4) erweitern Sie darüber hinaus Ihr Spielfeld enorm: Ergänzen Sie zu den journalistischen und literarischen Formen weitere Parameter wie sprachliche – Fachsprachen, Dialekte, Grammatik, Tempus, ... –, Perspektiven – Ich, Erzähler, Dritte Person, Tiere, Gegenstände, ... –, Textlänge – Überschrift, Twitter, ... Roman, Epos – und sonstige Besonderheiten – bizarre Personennamen, nur kurze Sätze, ausschließlich grüne Gegenstände, ein Zwergenvolk ist involviert, ... Wenn Sie nun Ihre morphologische Matrix abernten, ergeben sich fantastische Kombinationen: z. B. ein Märchen in Form eines Interviews mit einem beteiligten Gegenstand – ich stelle mir da Schneewittchen aus der Perspektive des vergifteten Apfels vor und wie er seiner Besorgnis hinsichtlich des Images von Obst Ausdruck verleiht.

Parameter ↓	Einzellösungen →					
Gattung	Prosa	Lyrik	Drama	Farce	Novelle	Erzählung
journalist. Form	Nachricht	Bericht	Interview	Kritik	Reportage	Glosse
Perspektive	Ich	Erzähler	Allwissend	Nebenfigur	Unbeteiligter	Chatbot
Sprache	Dialekt	Szene	stotternd	intellektuell	Klingonisch	Gebärden
Textlänge	sehr kurz	Twitter	normal	lang	sehr lang	episch
Medium	Blog	Video	Magazin	Podcast	Hörbuch	Plakat
Art der Rezeption	lesen	sehen	hören	live: Bühne	vorlesen	multimedial
...	...	...	...	...	...	...

Stil

Entdecken oder erfinden Sie Ihren eigenen Stil. Zum Beispiel kurze Sätze. Bestehend aus vier Wörtern. Immer vier, nicht mehr. Hält man das durch? Ich weiß es nicht. Wird ja auch langweilig. Klare Aussagen gehen leicht. Komplexe Gedanken nicht so. Subjekt, Prädikat, Objekt, oder?

Adoptieren Sie sprachliche, stilistische Mittel aus anderen Genres: Märchen, Krimi, Allgemeine Geschäftsbedingungen, Gebrauchsanweisung, Interview, Protokoll, Listicle, Kinderbuch, Plakat, Boulevardpresse, Comic ...

- Schneewittchen, schön, 1x

- Zwerge, lustig, 7x

- Hexe, böse, 1x

- Apfel, vergiftet, 1x

- Prinz, charmant, 1x

Schauen Sie auch nach Genres und Gattungen anderer Länder und Kulturen – welche Besonderheiten, Eigenheiten, Figuren gibt es dort?

Auch der Wechsel der **Erzähl-Perspektive** sorgt für neue Spannung – besonders, wenn es eine ist, die man für außenstehend oder unbeteiligt hält. Erzähl-Perspektive aus der Sicht von nicht-menschlichen Wesen, also Tiere, Gegenstände oder Konzepte – Wetter, Zeit, Gott.

Spielen und probieren Sie Provokation, Über- und Untertreibungen, alternative Anwendung oder die Wirkung der Zeit – mit jeder Kreativtechnik erzeugen Sie weitere Varianten.

Worte

Insbesondere auf Wort-Ebene kann man mit Kreativtechniken enorm produktiv sein. Kunstworte und Neologismen, also Wortneuschöpfungen, drängen sich dabei förmlich auf, Produkt- und Unternehmensnamen entstehen quasi im Wortumdrehen. Für einige von ihnen gibt es sogar eigene Begriffe: Portmanteauwörter zum Beispiel werden aus zwei oder mehr Wörtern kombiniert, wobei ggf. ein Überlappungsbereich wegfällt: glocal aus global und local, Grusical aus Grusel und Musical.

Kombinieren Sie mehrere Worte zu einem neuen. Ich habe erst vor kurzem bei einem Redner das Schneufzen entdeckt: eine Mischung aus leisem Schnaufen und Seufzen. In diesem Zusammenhang: 'ne Idee, was ein Schurz ist?

Passen Sie die Worte ggf. lautmalerisch oder in der Schreibweise an, **modifizieren** Sie sie über die Schreibweise zu einer neuen Bedeutung: Ist »Schäune« eine Scheune für Zäune? Verändern Sie Redewendungen, arbeiten Sie mit umgangssprachlichen Ausdrücken, erfinden Sie Ihre eigenen Metaphern und Bedeutungen anders geschriebener Worte.

Ersetzen Sie ganze Begriffe oder nur Teile davon. »Ein Schamane reist durch eine andere Dimension der physischen Welt« ist zum Beispiel die Übersetzung von »Internet« in der Sprache der Inuit. Wenn Sie einzelne Buchstaben in einem Wort ersetzen, ergeben sich oft ganz neue Bedeutungen: Was für ein Instrument ist eigentlich ein Nudelsack? Und ist ein Bauchmelder ein Dehnungsmessgerät an der Gürtelschnalle?

Eliminieren: Ist Harry Otter ein pelziger Wasserzauberer? Ergeben sich aus dem Entfernen einzelner Buchstaben neue Bedeutungen, Konnotationen, Begriffe, Kontexte?

Was geschieht mit einem Wort, wenn Sie es ganz oder in Teilen **umdrehen** – buchstäblich, inhaltlich, gegenteilig, grafisch?

Auch hier gilt: **Zerlegen** Sie Ihr Wort zunächst in seine Silben und Buchstaben und schauen Sie, wie man diese **neu zusammensetzen** kann – geübte Scrabble-Spieler sind hier klar im Vorteil.

Benutzen Sie Sprache und Wörter wie eine große Kiste voller Legosteine und machen Sie sich aus Knetgummi eigene Sprachsteinchen.

Keine Worte

Bauchmelder

Muss eine Geschichte, Reportage oder ein Blogbeitrag immer (nur) aus Worten bestehen? Nutzen Sie die Mittel nonverbaler Kommunikation, wechseln Sie das Medium, suchen Sie nach Möglichkeiten, Ihren Beitrag ohne Worte oder mit deutlich weniger Worten zu kommunizieren. Setzen Sie Illustrationen, Fotos, Symbole oder Zeichen ein. Machen Sie Andeutungen, die sich erst im Kopf des Empfängers zu einer vollständigen Geschichte zusammenfügen.

Do-it-yourself

Mit welchen Buchstaben kann man spielen?

Welche Wortbestandteile lassen sich kombinieren, ersetzen, umdrehen, verändern, herausnehmen, spiegeln?

Mixen Sie Fiction mit Nonfiction.

Wechseln Sie Rollen.

Wechseln Sie Perspektiven.

Kombinieren Sie frei und wild: Stile, Formen, Gattungen, Genres, Textlängen.

Adaptieren Sie Ihren Text für ein völlig anders Genre.

Fassen Sie Ihren Text in 140 Zeichen zusammen.

Machen Sie aus Ihrem Text eine Schlagzeile.

Was befindet sich hinter einer Schlagzeile?

Wie geht es ohne Worte?

Welche Alternativen zur Textform gibt es?

Denken Sie in Bildern, Aufführungen, Hörspielen, Vlogs, ...

6.2 Marketing

Marketing ist ein sehr weites Feld, kreativ zu sein. Von der Identifikation und Ansprache der richtigen Zielgruppe, der Entwicklung einer Leitidee, der Auswahl des passenden Medienmix, bis zur Planung der Maßnahmen und deren gestalterischer, medialer und technischer Umsetzung kann man überall neue Wege finden und gehen. Ich lege den Finger daher hier nur auf eine kleine Auswahl fruchtbarer Bereiche.

Idea first

Es kommt leider viel zu oft vor, dass man sich auf ein bestimmtes Medium eingeschossen hat und sich dann fragt, wie man dieses kreativ machen kann – eine typische Aussage ist »wir haben hier was Neues und wollen einen Flyer/einen Facebook-Account/eine Anzeige machen.« Aber die Reihenfolge für kreatives Marketing sollte eine andere sein: Überlegen Sie als allererstes genau, was Sie kommunizieren wollen. Beleuchten Sie also in diesem Fall »was Neues« von allen Seiten und schälen Sie heraus, wie man das kommunizieren, inszenieren, dokumentieren, fotografieren, storytellen, ... kann. Wer ist die Zielgruppe, wo, wann und wie erreiche ich die? Diese Fragen sollten Sie klären, bevor Sie sich für ein Medium entscheiden. Machen Sie gegebenenfalls für jeden dieser Schritte eine eigene Kreativsession und generieren Sie so neue Einsichten. **Die Idee kommt vor der Wahl des Mediums**. Ausnahme: Das Medium hat/ist die Idee.

Kommunikative Leitidee

Über allen Maßnahmen steht eine große, klare Idee: die kommunikative Leitidee. Sie berücksichtigt die wesentlichen Forderungen aus dem Briefing und bringt die zu kommunizierenden Inhalte auf den Punkt. Sie ist Essenz und Fundament der Marketingkommunikation. Sie beinhaltet die verbale und/oder gestalterische Basisidee und liefert damit die Impulse für alle Medien und Maßnahmen. Und: Sie erfüllt unbedingt zwei Kriterien: Kreativität und Content-Fit.

Den Faktor Kreativität erreichen Sie z. B. durch die Werte Originalität (neu, innovativ, normendurchbrechend), Klarheit (leicht fassbar, begreifbar), Überzeugungskraft (schlüssige, glaubhafte Argumente), Machart (gestalterisch und handwerklich überzeugend) und den Want-to-see-again-Faktor.

Content-Fit bedeutet, dass eine Idee nicht nur originell sein darf, sondern unbedingt auch zum beworbenen Produkt passen muss. Werte, die zum Content-Fit beitragen, sind Relevanz (für die Zielgruppe, zum Produkt), Differenzierung (vom Wettbewerb), Konsistenz (mit der Gesamtkommunikation und der Corporate Identity), Glaubwürdigkeit und eine gute Portion Aktivierungswirkung (werde ich dadurch motiviert oder sogar provoziert, etwas Bestimmtes zu tun?).

Am Anfang der Entwicklung einer Leitidee steht daher immer ein ausgiebiger Kreativprozess (außer natürlich man hat einen Geistesblitz und die Idee poppt sofort auf, dann bitte gleich weiter zu den Medien). Da die Leitidee so viel können muss, brauchen Sie wahrscheinlich mehrere einzelne Kreativsessions mit verschiedenen Perspektiven bzw. Single Minded Propositions (siehe Kapitel 2.9). Deren Ergebnisse verdichten, verschmelzen, destilieren Sie zur kommunikativen Leitidee.

Kampagneninszenierung

Für die Inszenierung Ihres Produkts/Dienstleistung in einer Kampagne – was ursprünglich für »Feldzug« stand – gibt es zahlreiche Ansätze. Diese können Sie natürlich auch übertreiben, mit etwas anderem kombinieren, modifizieren, ...

Do-it-yourself

Vergleichen Sie vorher-nachher.

Wie wäre es, wenn man ohne das Produkt auskommen müsste?

Erklären Sie, über wieviel Wissen, Erfahrung und Sorgfalt man zur Herstellung verfügen muss.

Machen Sie deutlich, wie gut Sie Ihren Kunden verstehen;

Demonstrieren Sie den bequemen und vorteilhaften Gebrauch.

Lassen Sie jemanden davon erzählen, einen überzeugten Nutzer, jemanden aus Ihrem Team, oder eine bekannte Person oder Bot.

Berufen Sie sich auf Ihre Tradition – oder gerade nicht.

Positionieren Sie die Marke, bzw. repositionieren Sie sie. Für welche Werte und Eigenschaften steht sie?

Vergleichen Sie Ihr Produkt mit anderen – worin sind Sie besser?

Womit können Sie Ihre (prospektiven) Kunden herausfordern?

THINK
NOW
DESIGN
LATER

Ambient und Guerilla-Marketing

Marketing ist ein Spiel um Aufmerksamkeit. Mit klassischen Medien und Werbeplätzen lässt sich das nur noch bedingt erzielen. Die Lösung ist also: Trommeln Sie dort, wo man es nicht erwartet. Oder dann, wenn man es nicht erwartet. Oder so, wie man es nicht erwartet. Vor allem aber: unter Einbezug des jeweiligen Umfelds.

Wo

Das können sichtbare, aber schwer zugängliche Stellen sein, bisher übersehene Orte oder Objekte, die schon die Hälfte der Idee mitbringen. Zum Beispiel Taue, mit denen Schiffe am Kai festgemacht sind: Dort, wo sie ins Schiff reingehen (für die Landratten: das sind die Klüsen) wird ein Gesicht mit gespitztem Mund vorgehängt, und schon ist das Tau eine Nudel, die genießerisch eingeschlürft wird – wenn das jetzt noch ein chinesischer Frachter ist …

Wann

Jedem ist klar, dass im Kino Werbung vor dem Film kommt. Aber solange noch nichts auf der Leinwand zu sehen ist? Lassen Sie Promoter auf reservierten Plätzen sitzen, inszenieren Sie ein kleines Drama, spielen Sie mit Licht und Ton, bieten Sie dem Publikum etwas Unterhaltendes noch vor dem offiziellen Werbeblock. Halten Sie Ausschau nach Zeiten, in denen man üblicherweise keine Werbung erhält: Wartezeiten, unmittelbar vor oder nach einem Event, Wegzeiten, irgendwelche Pausen …

Wie

Neben dem Wo und Wann der Überraschung mit Werbung spielt vor allem das Wie und Womit eine Rolle. Erzählen Sie eine Geschichte, denken Sie sich Maßnahmen aus, die Spaß machen, die emotional berühren, die weitererzählt werden, die merkwürdig sind. Zum Start des Horrorfilms Carrie wurde ein ganzes Café heimlich zum inszenierten Schauplatz paranormaler Ereignisse. Das Video der erschrockenen und verstörten Besucher – mit versteckten Kameras gedreht – verbreitete sich rasend schnell und millionenfach. Aber es geht auch mit kleinerem Budget: Legen Sie auf Stühlen kleine Folder aus, die wie ein gefalteter 5-Euro-Schein aussehen, wenn es beispielsweise um Preiskommunikation geht.

Super: Solche Maßnahmen haben das Zeug zum Viral.

Achtung: Auch wenn man sich als Guerilla-Marketer wie ein Performance-Artist fühlt, steht man doch schnell mit Graffiti-Sprayern auf einer juristischen Stufe. Obwohl zum Beispiel beim Reverse-Graffiti Botschaften mittels Hochdruckreiniger und einer Stahl-Schablone aus dem Großstadt-Dreck gewaschen werden, sehen einige öffentliche Verwaltungen das dennoch als Sachbeschädigung an. Unter »Urban-Interaction« findet man viele interessante Beispiele, wie mit öffentlichen Flächen, Mobiliar und Einrichtungen umgegangen wurde. Ein umhäkelter Laternenmast vor einem Wollgeschäft ist doch eine tolle Idee.

Spiel mit dem Medium

In der Wahl des Kommunikations-Mediums steckt ein riesiges kreatives Potential. Klassische Werbeträger wie Anzeigen, Flyer, Websites, Plakate, TV-Spots, … sind dort, wo sie erwartet werden – bei durchschnittlich mehr als 3.000 täglichen Kontakten mit Werbung übersieht man die aber ziemlich schnell. Das bedeutet, dass Ihre Botschaft entweder extrem originell in Ausgestaltung oder sehr einfallsreich in der Ansprache sein muss, um überhaupt wahrgenommen zu werden. Oder: auf eine völlig ungewohnte Art mit dem Betrachter bzw. Benutzer zur Interaktion einlädt oder sogar einwirkt – wenn zum Beispiel eine Zeitschrift im aufgerollten Zustand wie eine Dose Insektenspray aussieht.

Betrachten Sie Ihr Medium aus einem sehr verspielten Blickwinkel: Suchen Sie nach alternativen Verwendungen – wofür eignet es sich noch? Müssen Sie dazu etwas hinzufügen, wegnehmen, ausblenden, ersetzen, modifizieren? Tun Sie das. Spielen Sie mit den typischen Eigenschaften des Mediums. Kombinieren Sie Ihr Produkt oder Medium mit irgendetwas anderem. Mit welchem Zusatz oder welcher Variation entsteht vielleicht sogar ein Mehrwert? Die Visitenkarte eines Yoga-Studios aus Gummi, die eines Scheidungsanwalts mit einer Perforation. Was kann man auf einer Website mit weißer Schrift auf weißem Grund anstellen, die erst markiert werden muss, bevor man sie lesen kann – Maler-Zubehör? versteckte juristische Fallstricke aufzeigen? Händedesinfektion? Gehen Sie alle Kreativtechniken systematisch durch. Kreieren Sie ein »merkwürdiges« Medium.

Interaktion ohne Strom

There is an App for that – in Zeiten digitalen Überflusses sehnt man sich nach haptischen Erfahrungen. Bedienen Sie sich dieses etwas nostalgischen Trends, um mittels klassischer Medien und Materialien den User in eine spielerische Auseinandersetzung zu bringen. Spieltrieb, Entdeckerfreude, Neugier und Ausdruckskreativität der Menschen kommen Ihnen hier zugute. Bieten Sie einen Zusatznutzen.

Sichtbar machen: Mit optischen Filtern und Masken, Farbfolien, Stanzungen und Prägungen, temperatur- und drucksensitiven Farben oder mit Rubbelflächen können Sie Texte und Illustrationen über entsprechende Interaktionen sichtbar machen.

Entdecken: Hinter einer Perforation versteckt oder als verborgene Botschaft in einer Buchstaben-Matrix, nur in der Dunkelheit sichtbar, in eine Tüte eingenäht oder mit Geheimtinte geschrieben – so schaffen Sie ein Entdecken-Erlebnis.

Visuell verfremden: Mit Masken, spiegelnden Oberflächen, Folien, Aufklebern oder beigelegten Stiften lassen Sie den User selbst aktiv in die Gestaltung eingreifen.

Zusammenfügen: Bausätze, Miniaturen oder Fingerfiguren müssen erst selbst zusammengesetzt werden, was den User besonders stark involviert.

Aufteilen: Provozieren Sie das Schneiden, Reißen, Brechen, Sägen oder Stanzen des Produkts. Zeigen Sie, dass sich die Fragmente auf eine alternative Weise wieder zusammensetzen lassen. Machen Sie ein Anti-Puzzle.

Von 2D zu 3D: Kann man vorgestanzte Teile hochbiegen oder auffalten, zu räumlichen Figuren zusammenstecken, aufblasen oder zusammenknüllen?

Physik: Welche akustischen Eigenschaften haben Materialien – ein Kamm mit ungleichmäßigen Zinken kann eine Melodie spielen. Bleibt eine unbrennbare Botschaft übrig, wenn man ein Medium verbrennt, ist ein Medium so robust und stabil, dass es sogar als Werkzeug benutzt werden kann?

Spielen: Aktivieren Sie den Spieltrieb: Einfärben, Ergänzen, Erweitern, Stempeln. Bieten Sie Aktivierungsflächen und modifizierte Spielprinzipien an. Lassen Sie Einzelteile frei rekombinieren, z. B. von Gesichtern oder Körperteilen.

Think first – design later.

Was genau wollen Sie kommunizieren?

Werte, Vorteile, Preis, Ziele, Features, Eigenschaften?

Sind diese neu, herausragend, besonders hoch oder niedrig, motivierend?

Falls nein: Kristallisieren Sie ggf. solche Eigenschaften heraus oder konstruieren Sie welche.

Arbeiten Sie die kommunikative Leitidee heraus.

Wie wollen Sie es kommunizieren? Finden Sie eine passende Inszenierung.

Wer sind Ihre Zielgruppen?

Wo wollen Sie die ansprechen?

Zu welcher Gelegenheit wollen/können Sie auf Ihr Produkt aufmerksam machen?

Erst die Idee, dann das Medium.

Beziehen Sie alle Arten von Medien in Ihre Überlegungen ein.

Finden Sie ein Medium, das ein Höchstmaß an Interaktion und Auseinandersetzung ermöglicht.

Entwickeln Sie alternative Nutzungen von Standard-Medien.

Welche Modifikation macht ein Standard-Medium interaktiv?

Wie machen Sie Benutzer/Betrachter zu Spielern und Bastlern?

Was macht Betrachter neugierig?

6.3 Design

Neben Kunst und Literatur ist Design die wohl am meisten mit Kreativität verbundene Disziplin. Herausragende Grafik-Designer nutzen ein sehr weites Spektrum gestalterischer Techniken, Medien und Materialien und beschränken sich dabei nicht nur auf Grafik: Malerei, Modellbau und Basteleien, Fotografie, Bildhauerei, und sie machen einen Haufen Experimente. Denn ein charakteristisches und gemeinsames Merkmal besonders kreativer Gestaltungen ist: Sie brechen mit den Konventionen für Formen, Farben, Materialien, Techniken und Harmonie und gehen aus ihren angestammten Gebieten heraus. Sie halten sich nicht an »5 sichere Methoden für ein gutes Logo« oder »Best Practice«-Studien. **Wer alles richtigmachen will, erzeugt nur Langweile**.

Starten Sie mit einer vagen Vorstellung Ihres Designs, und gehen Sie damit in einen Kreativprozess. Ich habe dazu immer etwas zum Scribbeln dabei – digital und analog – weil ich fast immer in irgendeiner Informations- oder Inkubationsphase bin. Wo keine Zeit oder Gelegenheit für Notizen sind, reicht es aber oft noch für ein Smartfoto. Trauen Sie sich, 95 % der Scribbles wieder zu verwerfen.

Suchen und finden Sie Ihren eigenen Weg – Umwege erhöhen die Ortskenntnis.

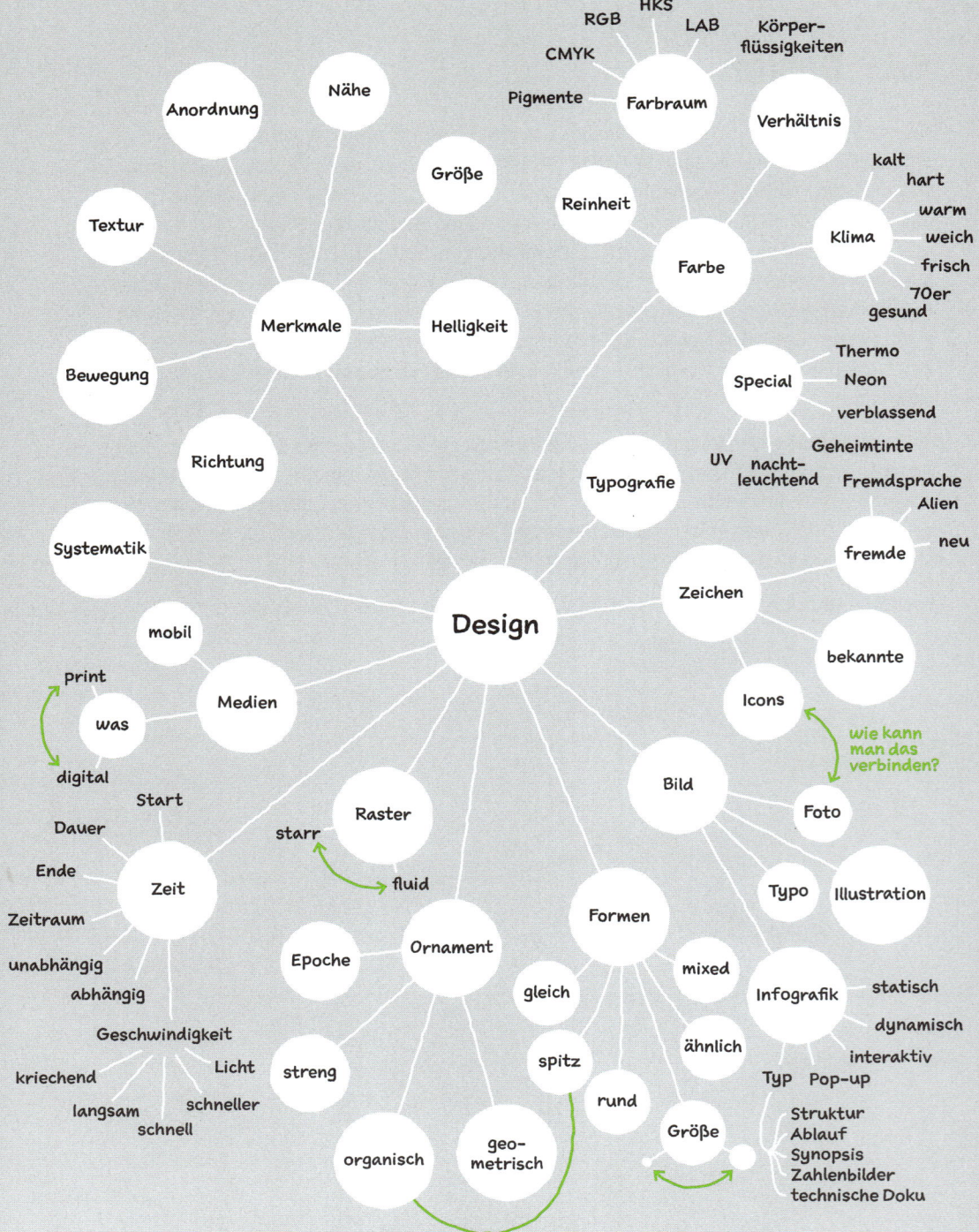

Visuelle Merkmale

Checken Sie Ihre ersten Gestaltungsideen, Ansätze, Scribbles systematisch auf die klassischen visuellen Merkmale **Form, Farbe, Größe, Helligkeit, Kontrast, Textur, Anordnung, Proportionen, Richtung, Räumlichkeit und Bewegung**. Machen Sie das für jedes Detail und Element Ihrer Ideen – denn gerade hier gilt: Think first – design later.

Zum Beispiel mit einer Mindmap oder morphologischen Matrix. Schon dabei werden Ihnen zahlreiche Varianten, Verbesserungen, Alternativen zufliegen. Überlegen Sie anschließend, welche Parameter Sie weiter ausarbeiten, verfeinern, variieren wollen und wo sich noch Potentiale auftun, oder welche Wirkungen Sie damit erzielen wollen bzw. könnten.

Wenden Sie auf jeden Parameter Ihrer Gestaltungsideen Kreativtechniken (siehe Kapitel 5) an:
Vergrößern, kombinieren, übertreiben, weglassen, ersetzen, konstruieren Sie Analogien und Metaphern. Machen Sie Dinge riesig, andere winzig. Variieren Sie Nähe zwischen gedrängter Enge und großzügigem Weißraum. Lassen Sie Farben zusammenfließen, kombinieren Sie Muster zu neuen Texturen, bringen Sie Gegensätze zusammen, finden Sie einen Rhythmus der Anordnung oder lassen Sie Textblöcke, Bilder und Grafikelemente im Chaos untergehen. Gestalten Sie Texte aus Fotos und Bilder aus Buchstaben, nutzen Sie Farben, die nur unter besonderem Licht oder mit Spezialbrillen sichtbar sind. Ist ihre Arbeit ein Individualist oder ein Serienheld? Was macht sie zur Serie, was zum Individuum? Übernehmen Sie (Aus-) Richtungen aus Fotos oder Illustrationen und übertragen Sie sie auf andere Bestandteile Ihrer Gestaltung – muss ein Text immer waagerecht laufen?

Nicht-visuelle Merkmale checken

Welche nicht-visuellen Bestandteile hat das von Ihnen geplante Projekt – keine, beiläufige oder geplante? Viele Menschen mögen den Geruch von frischer Druckfarbe nicht – wie kann man dem begegnen? Mit frischer Nordseeluft lüften, parfümieren, Digitaldruck, als App oder Website, handgeschrieben? Welche haptischen Eigenschaften weist Ihr Produkt auf? Wie kann man die verstärken oder reduzieren? Womit regt das Produkt zum sich-Beschäftigen an? Welchen Mehrwert oder Zweitnutzen hat es, ist es wiederverwendbar oder recycelbar? Wie groß und schwer ist es, wie lange sind die Ladezeiten, lässt sich eine Website nur zu bestimmten Uhrzeiten aufrufen?

Medien

Denken Sie in 2D, 3D, 4D und interaktiv: Wie gestalten Sie in den Raum hinein, ragen Ihre Designs aus dem Blatt oder Screen, gibt es ergänzende reale Objekte, gefaltete Pop-ups, Animationen, Daumenkinos, Videos, Virtual oder Augmented Realities? Welche nicht-grafischen Erweiterungen sind denkbar? Wie wird Ihre Arbeit später angesehen, betrachtet, konsumiert? Kann ein Flyer auch 2 Meter hoch sein, ein Katalog auf einer Litfaßsäule installiert werden, vielleicht als eine Art riesiger zylindrischer Touch-Screen?

Autopilot überlisten: Begriffe ersetzen

Ersetzen Sie festgefahrene Begriffe, die Ihr Denken in den Autopilot-Modus versetzen. Wie das geht, ist in den Abschnitten »Morphologische Matrix« (siehe Kapitel 4.4) und »BrainSwarming« (siehe Kapitel 4.11) in Kapitel 4 beschrieben.

Der Begriff »Farbe« führt Sie z. B. zu allen Ihnen bekannten Arten von Farben: Druckfarbe, Neonfarben, Sprayfarben, Ölfarbe, Fingerfarbe, Pflanzensaft, Blut … Farben eben.

Ersetzen Sie ihn jedoch durch »wie bleibt die Information auf dem Medium«, fallen Ihnen auch Alternativen zur bunten Farbe ein: Prägungen, Stanzungen, nachleuchtend, UV-aktiv bzw. infrarot-aktiv, Geheimtinte, magnetisch, Schablone, Augmented Reality …

Statt nach einer »Bindung« fragen Sie sich »wie ergeben die einzelnen Informationseinheiten eine Einheit« – damit entdecken Sie neben der Fadenheftung und Klebebindung auch Schachteln für Loseblattsammlungen, nähen, …

Vergrößern Sie mit einer umfassenderen, allgemeineren Umschreibung des Begriffs Ihr kreatives Suchfeld.

SHAKE

Die Trickkiste

Mit den aufgebohrten Basics kommt man schon ziemlich weit. Und dann gibt es noch die optischen Enttäuschungen, die Blicktricks, die komplexen Dinge.

Figur und Grund: Wie kann aus dem Grund eine Figur hervortreten, aus passiven Bestandteilen ein aktiver werden, aus Licht und Schatten etwas Neues entstehen? Welche Seh-Erfahrungen können wir dafür nutzen oder überlisten?

2D + 3D: Wie lässt sich der Eindruck von Dreidimensionalität erzeugen, wie räumliche Tiefe simulieren, gibt es einen Standpunkt oder eine bestimmte Perspektive, die das unterstützt?

Vordergrund und Hintergrund: Wie können Vorder- und Hintergrund in eine direkte Beziehung miteinander treten, welche verbindenden Elemente gibt es/ kann man integrieren?

Groß und Klein: wie groß ist das Große, wie klein das Kleine, machen Sie das das Große klein, das Kleine groß, spielen Sie mit dem Maßstab und den Proportionen.

Anordnungen: Formieren Sie mehrere Einzelobjekte zu etwas Neuem, verstecken Sie sie im Gesamteindruck des Bildes, lassen Sie sie vom Betrachter entdecken, fordern Sie das Abstraktionsvermögen des Betrachters heraus.

Alternative Verwendung: Nutzen Sie Objekte für etwas anderes, lassen Sie es einen anderen Zweck erfüllen, wie etwas anderes aussehen, als etwas anderes wahrgenommen werden, inszenieren Sie es neu, verändern Sie den Kontext.

Neuer Kontext: Manche Dinge sehen wie etwas anderes aus oder können auf den ersten Blick mit etwas anderem verwechselt werden. Das gilt besonders, wenn man den gewohnten Kontext verlässt. Die Spitze eines Pommes-Pieksers erinnert im Kölner Kontext an den Dom.

Konturen: In der Natur gibt es keine Konturen, trotzdem erkennen wir darin Formen oder ergänzen sie in unserer Wahrnehmung zu vollständigen Objekten. Die Kontur kann dabei aus den unterschiedlichsten »Materialien« bestehen. Je stärker der Kontrast zwischen Kontur-Material und Objekt, desto spannender das Bild. Interessant ist auch das Gegenteil: die Aufhebung von Konturen, bzw. die Verschmelzung von Teilen des Vordergrundes mit dem Hintergrund.

Buchstabe und Bild: Wie kann ein Bild oder Objekt zu Buchstaben bzw. Worten werden, wie können Sie sie ersetzen? Und umgekehrt: Wie können aus Buchstaben und Worten Bilder werden? Haben sie eine besondere Form, kann man sie dazu anordnen? Nutzen Sie die Erzählkraft von Symbolen.

Ambient: Welche besonderen Merkmale weist das Umfeld Ihrer Grafik auf? Wie können Sie Knicke, Falzungen, Klebungen, Folierungen, Stanzungen, Heftungen, Öffnungen, Formen, Risse, Henkel, Gitter, Scheiben, Browserelemente, Hausecken, Laternenmasten, Autoreifen ... in die Gestaltung integrieren oder auf eine kreative Art nutzen?

Do-it-yourself

Experimentieren Sie mit allen oben genannten Varianten.

Denken Sie in Parametern.

Wenden Sie die Trickkiste an.

Benutzen Sie Ihr Kopfkino.

Haben Sie immer was zum Skizzieren dabei.

Finden Sie alternative Beschreibungen für übliche Bestandteile.

Wenden Sie alle Kreativtechniken für jedes Detail der geplanten Arbeit an.

Machen Sie 100 Scribbles.

Think first – design later.

6.4 Produkte

Produkte zu entwickeln muss keine komplexere Herausforderung sein, als sprachlich oder gestalterisch kreativ zu werden – egal ob Sie ein Produkt ganz neu oder ein bestehendes weiter entwickeln wollen. Gehen Sie optimistisch an die kreative Fragestellung heran. Kreisen Sie Ihr Zielgebiet mit einer Single Minded Proposition ein und seien Sie nicht zu bescheiden. Bleiben Sie am Ball, lassen Sie nicht nach. Wenn auf dem Weg eine kleine Idee abfällt, umso besser – auch kleine Verbesserungen können eine große Wirkung haben.

Kreativtechniken

Checken Sie Ihr Produkt oder die Produktidee systematisch mit jeder einzelnen Kreativtechnik durch. Klopfen Sie sie nach interessanten, nützlichen, merkwürdigen, bizarren, begeisternden, faszinierenden, haarsträubenden, bestürzenden (Un)Möglichkeiten ab: Kombinieren, eliminieren, modifizieren, invertieren, provozieren, adaptieren, übertreiben ... Sie, was das Zeug hält.

Blockaden überwinden

Es gibt Grenzen – faktische, wie physikalische und technische, und subjektive: kapazitäre, patentrechtliche und nicht zu vergessen: wirtschaftliche. In Workshops mit Produktentwicklern erkenne ich das an den Killerphrasen (in der Reihenfolge ihrer Beliebtheit): »Das geht nicht.«, »Das können wir nicht.«, »Dazu haben wir nicht die Mittel/Werkzeuge/Kapazitäten.«, »Das macht der Mitbewerber schon.« und »Das ist zu teuer.«

Aber lassen Sie sich von solchen »Argumenten« nicht stoppen. Im Gegenteil – stellen Sie (sich?) Gegenfragen: »Wie geht es dann?«, »Wer kann es, oder wie können wir es?«, »Was können wir tun/wie müssen wir denken, um a) diese Mittel/Werkzeuge/Kapazitäten nicht zu benötigen b) diese Mittel/Werkzeuge/Kapazitäten zu bekommen?«, »Wie können wir uns vom Mitbewerber unterscheiden?« und »Wie kann es günstiger gehen?«.

Halten Sie nicht starr an Ihren Prozessen und Möglichkeiten fest – wer nur einen Hammer als Werkzeug hat, sieht in jedem Problem einen Nagel. Vergrößern Sie Ihren Handlungsspielraum, verlassen Sie die technische Komfortzone, schauen Sie in alle Richtungen, seien Sie sehr offen.

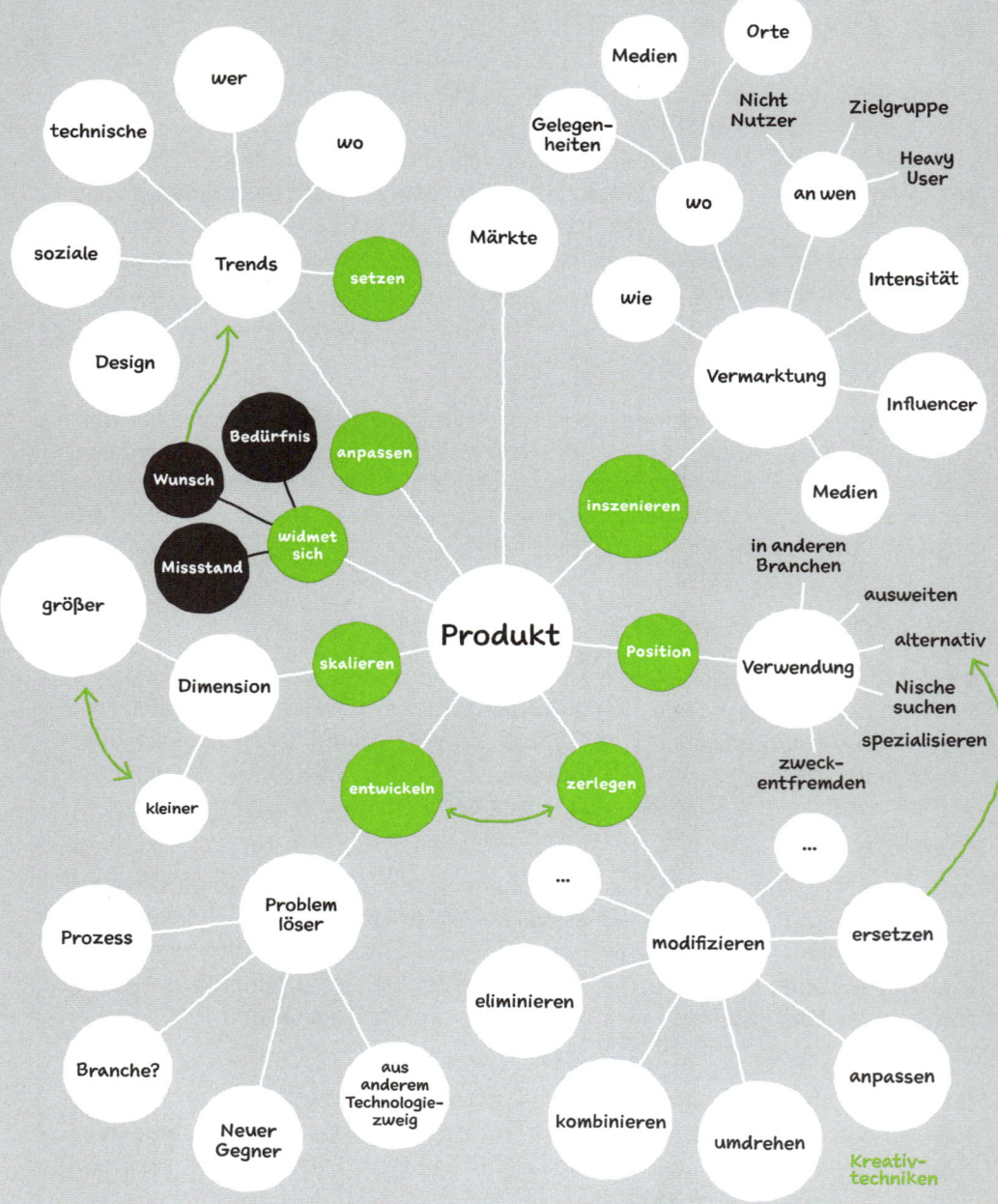

wer

technische

wo

Medien

Orte

Gelegen-heiten

Nicht Nutzer

Zielgruppe

soziale

Trends

setzen

Märkte

wo

an wen

Heavy User

Design

wie

Intensität

Bedürfnis

anpassen

Vermarktung

Influencer

Wunsch

widmet sich

inszenieren

Medien

Missstand

in anderen Branchen

größer

Produkt

Position

ausweiten

alternativ

Dimension

skalieren

Verwendung

Nische suchen

spezialisieren

kleiner

entwickeln

zerlegen

zweck-entfremden

Problem löser

...

...

Prozess

modifizieren

ersetzen

Branche?

eliminieren

anpassen

Neuer Gegner

aus anderem Technologie-zweig

kombinieren

umdrehen

Kreativ-techniken

Cross-Innovation

Wie wird ein Problem anderswo gelöst? Suchen Sie nicht nur in Ihrer angestammten Branche nach Best-Practices, denn das machen alle anderen ja auch schon. Besonders innovative Produkte und Lösungen entstehen durch die Befruchtung von außen – dann sind sie nicht nur eine logische Fortsetzung des bestehenden Produkts, sondern häufig etwas völlig Neues.

Suchen Sie in Branchen und Feldern, die vor einer ähnlichen Herausforderung stehen und eine Lösung gefunden haben. Beispiel Bionik: Welche Strategien und Techniken gibt es in der Natur? Sind diese übertragbar? Vielleicht sind sie be-eindruckend einfach und naheliegend. Wie werden Schwin-gungsdämpfungen in Laufschuhen bewerkstelligt?

Beschränken Sie sich nicht nur auf technische oder pro-duktbezogene Lösungen, sondern beziehen Sie alle möglichen Aspekte ein: prozessuale, Vermarktung, Personal, User-Interface, Datenverarbeitung, Arbeits-vorbereitung, Logistik, Hersteller, Lieferanten, Kun-den, Nicht-Kunden ...

Wie so ein Workshop ablaufen kann und welche Fragen Sie sich stellen könnten, lesen Sie im Abschnitt »Cross-In-novation« in Kapitel 4.7.

Alternative Verwendung

Wenden Sie die Kreativtechnik »Alternative Verwendung« an: Wofür lässt oder ließe sich Ihr Produkt noch verwenden? Mit welchen kleineren oder größeren Modifika-tionen? Suchen Sie nach Märkten und Branchen, die Ihr Produkt oder eine Variante davon benutzen könnten. Wer kauft Ihr Produkt? Kommen die alle aus der gleichen Branche? Machen Sie Ausreißer ausfindig – fragen Sie nach: Wofür benutzen die es? Identifizieren Sie Märkte, die Ihr Produkt benutzen könnten.

Marketing

Ein tolles Produkt zu entwickeln und es verkaufen sind zwei Paar Schuhe. Wenn es fantastisch ist, verbreitet es sich von alleine. Wenn es nicht so gut läuft, muss man sich was einfallen lassen. Wie, wo und wann machen Sie Ihr Produkt bekannt, mit welchen Vorteilen und Nutzen argumentieren Sie, mit welchen Medien machen Sie das? Welche Zielgruppen sind Ihnen bekannt, welche noch nicht? Deckt sich die Qualität Ihres Produkts mit der Ihrer Kommunikation? Denken Sie in Marken? Kann man das Produkt ausprobieren, testen, probebesitzen – wie aufwändig bzw. niederschwellig ist das und wo kann man das? Gibt es einen Partner, mit dem Ihr Produkt eine Aufwertung erfährt?

Trends

Haben Sie ein Auge auf aktuelle, sich abzeichnende und anhaltende Trends. Das können technische, gesellschaftliche, brancheninterne, gestalterische, … Trends sein. Wie können Sie Ihr Produkt oder Ihre Produktionskapazitäten an bestimmte Trends anpassen? Öffnet sich ggf. eine Nische oder die Chance zu einer Sonderedition, vielleicht zu einer neuen Produktrange?

Wie nutzen Sie Sharing-Economy, Health-Food, Digitalisierung, Ansprüche an Mobilität, …?

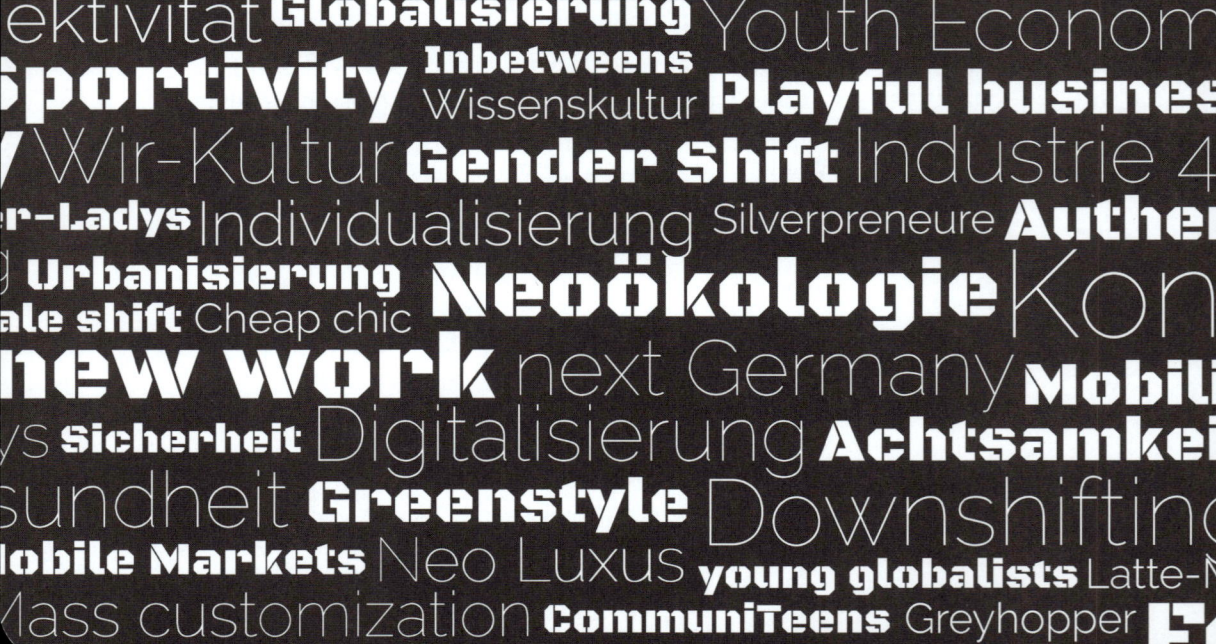

Do-it-yourself

Bleiben Sie optimistisch – es gibt immer mehrere Lösungen.

Geben Sie sich nicht mit der erstbesten Idee zufrieden.

Seien Sie anspruchsvoll.

Inkrementelle Verbesserungen sind nur zum Warm-Up.

Zerlegen Sie Ihr bestehendes Produkt in Moleküle.

Dann setzen Sie es mit anderen Elementen neu zusammen.

Wie wird es woanders gemacht – nutzen Sie Wissen und Erfahrungen aus anderen Branchen.

Wo kann man Ihr Produkt noch einsetzen?

Wer außerhalb Ihrer Kernzielgruppe nutzt es ebenfalls?

Wofür?

Welche Trends kristallisieren sich gerade heraus?

Sorgen Sie dafür, dass Ihr Produkt etwas damit zu tun hat.

Probieren Sie alle Kreativtechniken mit Ihrem Produkt aus.

Wenden Sie alle Kreativtechniken auf das zu lösende Problem an.

6.5 Dienstleistungen

Der Vorteil von Dienstleistungen gegenüber physischen Produkten ist, dass es hier viel größere kreative Freiheiten gibt. Physikalische oder technische Grenzen spielen zunächst keine Rolle. Betrachten wir Services mal aus verschiedenen Perspektiven. Im Kern geht es darum, anderen Menschen Tätigkeiten abzunehmen, die diese aus den verschiedensten Gründen nicht selbst erbringen können, wollen oder dürfen – sei es insgesamt oder partiell, permanent oder temporär, vorsätzlich oder beiläufig. Handwerker machen eben Dinge, die Sie nicht können, für die Sie sich keine Zeit nehmen wollen oder die Sie ohne Sachkundenachweis ohnehin gar nicht machen dürfen – wer würde auch schon seine Gasleitung selbst reparieren wollen. Versicherungen z. B. bilden eine Art Solidargemeinschaft für Fälle, die kaum jemand auf sich allein gestellt stemmen können dürfte. Video-on-Demand-Anbieter liefern Couchpotatoes die besten Gründe, nicht aus dem Haus gehen zu müssen – kongenial ergänzt durch Pizzaservices, künftig mit einem Preisaufschlag für die darauf fällige Ungesundheitssteuer.

An irgendwas fehlt es immer: an Wissen, Können, Mitteln, Zeit, Kompetenz oder Wille – das sind Ihre Stichworte.

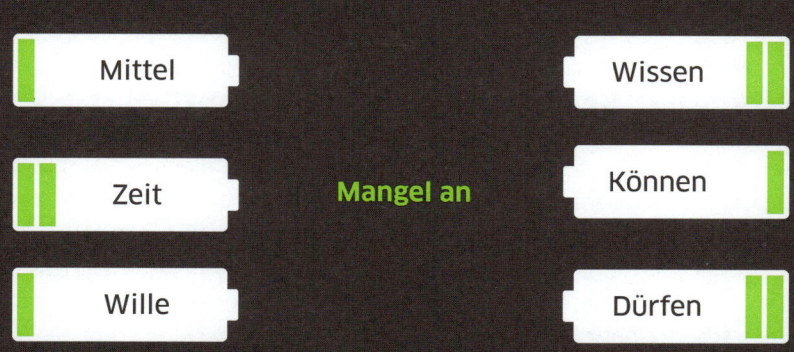

Vom was zum wie

Menschen wissen meist, was sie wollen – selten aber, wie sie es wollen. Und da liegen große Chancen für die Entwicklung von Services. Nehmen Sie sich bestehende Produkte und Dienstleistungen vor und klopfen Sie sie systematisch mit allen Kreativtechniken nach Weiterentwicklungspotentialen ab. Schauen Sie sich unbedingt in anderen Branchen um: Wie werden dort Dienstleistungen vermarktet, erbracht und abgerechnet? Werden Sie zum Modifikator: Überlegen Sie, wie Sie die gleiche Dienstleistung auf verschiedene Weisen anbieten können, für verschiedene Bedürfnisse, Budgets, Qualitäten, Umfelder, … Machen Sie sich Gedanken dazu, inwiefern Ihre Ideen skalierbar sind.

Ebenen

Was für einen Service wollen Sie anbieten bzw. wie wollen Sie ihn anbieten – als menschliche Dienstleistung, mit bestimmten Produkten oder digital? Wie ließe sich eine bestehende Dienstleistung auf eine andere dieser Ebenen übertragen? Welche Überlappungsbereiche sind denkbar, in welchen Branchen wird sie schon bzw. noch nicht genutzt? Ich persönlich kann z. B. relativ gut auf das befriedigende Gefühl eines frisch selbst gemähten Rasens verzichten. Ich wünsche mir daher ein Abo mit einem bestimmten Produkt: Irgendwann innerhalb eines 10-tägigen Zeitraums soll mir jemand einen Mäh-Bot auf den Rasen stellen.

Rollen

Überlegen Sie, welche Rolle Sie bisher eingenommen haben oder einnehmen könnten. Sind Sie Produzent, Händler, Dienstleister, Vermittler oder Marken- bzw. Patentinhaber?

Gibt es ein Produkt, für das Sie ergänzende Services anbieten könnten – Wartung, Reparatur, Vermietung, Sharing, Tuning? Kennen Sie oder verfügen Sie über ein bestimmtes Sortiment, das mit passenden Dienstleistungen angereichert werden könnte? Befinden Sie sich damit in einer Nische? Was machen Sie mit Ihrem Spezial-Wissen – Seminare, Speaker, Journalistik, Membership-Portale, Branchen-Reports? Welches besondere Erlebnis könnten Sie schaffen, vermitteln, veranstalten oder buchbar machen? In welchem Bereich – Entertainment, Freizeit, Wissenschaft, Bildung, Convention? An welchem Ort und zu welchem Zeitpunkt – wechselnd, fest, einmalig, als Tour oder Serie, individuell buchbar?

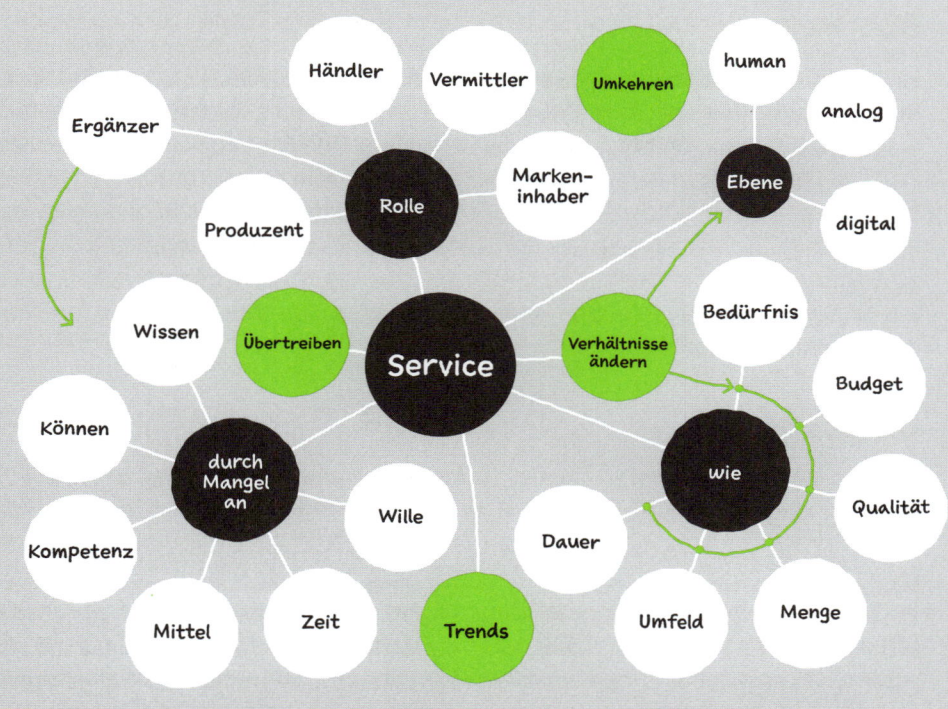

Verhältnisse verändern

Wie sieht das Verhältnis von zwei Komponenten zueinander aus, werden sie neu in Beziehung gesetzt oder beseitigt? Ersetzen Sie lineare Zusammenhänge durch exponentielle oder reziproke. Bei Services haben Sie besonders viele Freiheiten was z. B. Leistung und Abrechnung betrifft. Wo lassen sich Flatrates außer in Telefonie und im Gaststättenbereich noch etablieren, wo sind Prepaid-Lösungen denkbar, gibt es Mehrstufenmodelle oder Abonnements? Was ist flexibel, was fix, welche Reihenfolge ist üblich? Welche Einheit ist die Abrechnungsbasis: Zeit, Liter, Gigabyte, Seiten, Buchstaben?

Übertreiben

Probieren Sie unbedingt die Kreativtechnik »Übertreiben« im Zusammenhang mit Ihrer Dienstleistungsidee aus. Wie wäre es z. B., wenn eine Butler-App auch ein Linienflugzeug aufhalten könnte, für den Fall, dass Sie sich verspäten? Mit welcher Titanium-Senator-Membership-Karte ließe sich das wohl realisieren? Lassen Sie den Butler zum Sklaven werden, dessen Leben auf dem Spiel steht. Ein Hotel könnte z. B. Social-Media-Big-Data nutzen, um der Stimmung eines Gastes entsprechend die Suite zu dekorieren und die Minibar zu bestücken. Die übertriebenen Ideen müssen nicht die Lösung sein, aber sie führen immer zu interessanten Blickwinkeln und liefern damit wertvolle Impulse.

Umkehren

Kehren Sie die Ziele Ihrer Dienstleistungsidee ins Gegenteil: Was müsste man also tun, um den Kunden größtmöglich zu enttäuschen? Sammeln Sie alle »Ideen« – und vielleicht auch Erfahrungen – die dazu beitragen, dass das Erlebnis Ihrer Kunden möglichst frustrierend ausfällt: nicht funktionierende Geräte, geplatzte Termine, fehlende Teile, ineffektive Leistungen, langweilige Events, schwer erreichbarer Kundendienst … Seien Sie aggressiv und konstruieren Sie auch absurde und übertriebene Situationen. Machen Sie sich auch über Kleinigkeiten und scheinbare Bagatellen her. Seien Sie gnadenlos und unbarmherzig mit sich selbst. Anschließend kehren Sie all diese verunglückten Erlebnisse wieder um und entwickeln daraus den perfekten Service.

Alternative Anwendung

Suchen Sie sich eine neue Branche für Ihre vorhandene Dienstleistung. Wo können Sie mit Modifikationen Lösungen bringen? Suchen Sie nach Lösungen in anderen Branchen – wie wird es woanders gemacht?

Do-it-yourself

Was können Sie, was andere nicht können?

Was dürfen Sie, was andere nicht dürfen?

Was machen Sie, was andere nicht machen wollen?

Woran mangelt es anderen – Wissen, Können, Mittel, Zeit, Kompetenz, Wille?

Wo können Sie einspringen?

Wie können Sie einspringen?

Finden Sie heraus, wie Menschen Dinge wollen.

Wie können Sie sich als Person einbringen?

Welches bestimmte Produkt könnten Sie einbringen?

Wie kann eine Dienstleistung digitalisiert werden?

Wie kann ein digitaler Service (alternativ?) re-analogisiert werden?

Welche Rolle(n) könnten Sie einnehmen – Produzent, Händler, Vermittler, Markeninhaber?

In welche Richtungen kann man das Verhältnis zweier Komponenten verändern?

Suchen Sie nach ähnlichen Problemen in anderen Branchen.

Übertreiben Sie!

Wie wäre es, das Gegenteil zu tun?

Und davon das Gegenteil?

7   Dies & das

7.1   ... und jetzt?

Wenn Sie das hier auch noch lesen, sind Sie wirklich neugierig. Sehr gut!

Sie haben etwas über allgemeine und persönliche Voraussetzungen gelesen, etwas von Neugier, vom Verlassen der Komfortzone, von Aufmerksamkeit, von der Aktivierung aller Sinne und vom Kopfkino. Haben Sie ein paar Eigenschaften oder Verhaltensweisen an sich wiedererkannt? Oder festgestellt, dass Sie an der einen oder anderen Stelle selbst noch offener, aufmerksamer oder experimentierfreudiger sein wollen?

Welche Kreativkiller kennen Sie aus eigener Erfahrung? Entlarven und eliminieren Sie sie künftig gnadenloser – und fangen Sie bei sich selbst an.

Welche organisatorische Methode Sie nutzen, ist nicht nur eine Frage von Zeit und Teamgröße – probieren Sie einfach alle mal aus und geben Sie auch scheinbar schwierigeren eine Chance: Versuch macht kluch. Aber auch mit nur ein, zwei Methoden als kreativem Kopfwerkzeug kann man sich in jedem Fall strukturierter, konzentrierter, umfassender und effizienter an neue Ideen heranrobben.

Bei den Kreativtechniken haben Sie hoffentlich Ihre Favoriten gefunden. Oder sogar eigene, bisher vielleicht unbewusste, kreative Strategien entdeckt. Rütteln Sie an allen Parametern, stellen Sie alle infrage, erfinden Sie sie systematisch neu, oder werfen Sie sie über Bord. Denken Sie bei Ihren Projekten stets in alle Richtungen, und experimentieren Sie mit dem Kopfkino.

Wo auch immer Sie in diesem Buch die größte Inspiration oder Hilfestellung gefunden haben – eine brillante Idee unterscheidet sich von einer guten auch darin, dass sie umgesetzt wird. Also:

Jetzt sind Sie dran!

Lutz Lungershausen
www.protopixel.de

7.2 Literatur & Co.

Lesen

»Egal was Du denkst, denk das Gegenteil«
Paul Arden
Bastei Lübbe

»Making Ideas Happen«
Scott Belsky
Penguin

»Essentials of Visual Communication«
Bo Bergström
Laurence King Publishing

»Serious Creativity: Die Entwicklung neuer Ideen durch die Kraft des lateralen Denkens«
Edward de Bono
Schäffer-Poeschel Verlag

»Smart Business Concepts«
Brigitte und Ehrenfried Conta Gromberg
Smart Business Concepts Verlag

»Breakthrough! 90 Proven Strategies to Overcome Creative Block and Spark Your Imagination«
Alex Cornell
Princeton Architectural Press

»Für mein kreatives Pensum gehe ich unter die Dusche.«
Mason Currey
Kein & Aber

»Verblüffende Verfindungen«
Willy Dumaz, Ingo Hofmeister
Fischer Taschenbuch

»Upcyclist: Reclaimed and Remade Furniture, Lighting and Interiors«
Antonia Edwards
Prestel Verlag

»Abweichen von der Norm: Enzyklopädie kreativer Werbung«
Werner Gaede
Herbig Verlag

»33 Erfolgsprinzipien der Innovation«
Oliver Gassmann
Carl Hanser Verlag

»Synectics: The Development of Creative Capacity«
William J.J. Gordon
Harper & Brothers

»Dr. Clocks Handbuch des Absurden«
Mel Gooding, Julian Rothenstein
Manhattan

»Handbuch des Nutzlosen Wissens 1 - 3«
Hanswilhelm Haefs
Deutscher Taschenbuch Verlag

»IdeaSpotting: How to Find Your Next Great Idea«
Sam Harrison
Machillock Publishing

»Zing!: Five Steps and 101 Tips for Creativity On Command«
Sam Harrison
Machillock Publishing

»Hegarty on Creativity: There Are No Rules«
John Hegarty
Thames & Hudson

»100 Ideas that Changed Graphic Design«
Steven Heller
Veronique Vienne
Laurence King Publishing

»TRIZ – Innovation mit System«
Claudia Hentschel, Carsten Gundlach, Horst Thomas Nähler
Carl Hanser Verlag

»Paddle Against The Flow: Lessons on Life from Doers, Creators, and Cultural Rebels«

Huck Magazine, Douglas Coupland
Chronicle Books

»1000 Ideas for Creative Reuse«
Garth Johnson
Quarry Books

»Und plözlich macht es KLICK!: Das Handwerk der Kreativität oder wie die guten Ideen in den Kopf kommen «
Bas Kast
Fischer Taschenbuch

»Chindogu oder 99 (un)sinnige Erfindungen«
Kenji Kawakami
DuMont

»Creative Confidence: Unleashing the Creative Potential Within Us All«
David und Tom Kelley
Crown Business

» FAST PEFREKT: Die Kunst, hemmungslos zu scheitern. Wie aus Fehlern Ideen entstehen. «
Erik Kessels
Dumont

»Steal Like an Artist: 10 Things Nobody Told You About Being Creative«
Austin Kleon
Workman Publishing Company

»Kreatives Arbeiten – Methoden und Übungen zur Kreativitätssteigerung«
Michael Knieß
dtv

»Neues Entdecken – BrainSwarming«
Tony McCaffrey, Jim Pearson
Harvard Business Manager 4/2016

»Creative Pep Talk«
Andy J. Miller
Chronicle Books

»What if? Was wäre wenn? Wirklich wissenschaftliche Antworten auf absurde hypothetische Fragen«
Randall Munroe
Albrecht Knaus Verlag

»Das Lexikon der dämlichsten Erfindungen«
Felix R. Paturi
Bastei Lübbe

»100 Visual Ideas, 1000 Great Ads«
Joe La Pompe
Gestalten Verlag

»Kribbeln im Kopf «
Mario Pricken
Verlag Hermann Schmidt

»365: A Daily Creativity Journal – Make Something Every Day and Change Your Life!«
Noah Scalin
Voyageur Press

»Seltsame Sprache(n): Oder wie man am Amazonas bis drei zählt«
Frank Schweizer
Militzke Verlag

»Blicktricks«
Uwe Stocklossa
Verlag Hermann Schmidt

»1000 Extraordinary Objects«
Colors
Taschen America

»Not Invented Here: Cross-industry Innovation«
Ramon Vullings
Marc Heleven
BIS Publishers

»Variations on Normal«
Dominic Wilcox
Random House

»A Technique for Producing Ideas«
James Webb Young
Waking Lion Press

»Neugier Management«
zunkunftsInstitut
www.zukunftsinstitut.de

Spielen

»Rorys Story Cubes«
Hutter Trade

»Zündende Ideen«
Edition Büchergilde

»75 Tools for Creative Thinking«
Wimer Hazenberg, Menno Huismann

Interagieren

FreeMind, Software

BrainSparker, App

MindMaple, App

MindMeister, Software + App

Mindy, App

Oflow, App

Rorys Story Cubes, App

Whack Pack, App

TRIZ, App

Danke

Geschrieben und illustriert habe ich allein, aber viele haben mir das ermöglicht – jetzt ist meine Chance, Danke zu sagen:

Meiner Frau Miss Gabriel, für Verständnis, fürs Raum und Zeit lassen, Rückenfreihalten und natürlich die weltbesten Lunchpakete: »Tank u honey!«

An Sören Mohr, Geschäftsführer bei New Communication in Kiel, mit dem ich die Kreativworkshops ursprünglich erarbeitet und durchgeführt habe – schön, dass ich einen Teil unserer kreativen Betriebsgeheimnisse ausplaudern durfte.

Den Teilnehmern der vielen großen und kleinen Workshops, die so oft nichtsahnend als Versuchskaninchen herhielten, wenn wir neue Methoden und Kreativtechniken an und mit ihnen ausprobiert haben.

Und schließlich dem mitp-Verlag, insbesondere meiner Lektorin Sabine Janatschek, für das Vertrauen in meine Arbeit und die wieder sehr angenehme Zusammenarbeit.

Index